Unnützes Wissen
Biologie

66
unterhaltsame und
interessante Fakten aus der
Welt der Biologie

Lindsay Moon

WWW.LINDSAYMOON.DE

INHALTSVERZEICHNIS

EINLEITUNG 5
NATURWUNDER AXOLOTL 7
LAUBENVOGEL BALZTANZ 9
URSPRUNG MENSCH 11
FLEISCHFRESSENDE PFLANZEN 13
ANSTECKENDES GÄHNEN 15
LEBENDE FOSSILIEN 17
MIKROBEN DER EXTREME 19
REKORDHALTER DER NATUR 21
URINGERUCH ERKLÄRT 23
ZELLEN ALTERN UNAUFHALTSAM 25
GEHEIMNIS TIEFSEE 27
VON KLETTEN LERNEN 29
MAGNETISCHE NAVIGATION 31
UNERKLÄRTE AUSLÖSCHUNGEN 33
BIOLOGIE OHNE PAARUNG 35
MYSTERIÖSER PLACEBO-EFFEKT 37
MUTATION UND ANPASSUNG 39
ÜBERLEBEN IM MEER 41
ÜBERMENSCHLICHE KRÄFTE 43
ANGST VOR ENTEN 45
GIGANTISCHE BLUME 47
SCHLUCKAUF VERSTEHEN 49
BIOLOGIE IN DER KÜCHE 51
ÖKOSYSTEM REGENWALD 53

MEISTER DER TARNUNG	55
MYSTERIÖSE ZWILLINGSMAGIE	57
UNERKLÄRTE ERLEBNISSE	59
ANPASSUNG AN HÖHE	61
BEWEGLICHE PFLANZEN	63
BAKTERIELLE BALANCE	65
REKORDHALTER BAMBUS	67
TRÄUMEN UND SCHLAF	69
LEBEN IN EXTREMZONEN	71
PARANORMALE TIERFÄHIGKEITEN	73
EINZIGARTIGE FORTPFLANZUNG	75
ÜBERRASCHENDE ERDNUSS	77
KOOPERATIVE TIERE	79
GENETISCHE VIELFALT	81
GIGANTISCHER SAMEN	83
BIOINSPIRIERTES BAUEN	85
DER SCHWARZE TOD	87
BIOLOGISCHE WUNDERWESEN	89
LEBEN IN STRAHLUNG	91
GEHEIME PFLANZENSPRACHE	93
UNERWARTETE GÄSTE	95
GRÜNE KLIMARETTER	97
GEHEIMNISVOLLE SINNE	99
GLÜCK UND WISSENSCHAFT	101
TIERISCHE SCHLAFARTEN	103
TÖDLICHE ABWEHR	105
UNTERIRDISCHE LEBENSADERN	107

SECHS LEBENSBAUSTEINE	109
BIOLOGISCHE MÜLLSCHLUCKER	111
KLEINE BOHNE MIT GROẞER ROLLE	113
NAHE VERWANDTE	115
TÖDLICHE BOTANIK	117
UNERMÜDLICHE BLUTPUMPE	119
ÜBERRASCHUNGSFRUCHT	121
GEFÄHRLICHE DOSIS	123
SCHMETTERLINGSWUNDER	125
ZUCKER IM PANZER	127
DER TANZ DER MUSKELN	129
GEFÄHRLICHE BEGEGNUNGEN	131
INTELLIGENTE BIOLOGIE	133
ZUKÜNFTIGE GESUNDHEIT	135
SCHMUNZELN IM BIO-UNTERRICHT	137
LESEN. BEWERTEN. VERBESSERN!	139
BUCHSERIE »UNNÜTZES WISSEN«	141
BUCHREIHE »BEWUSST LEBEN«	142
LINDSEY MOON: DIE FAKTENJÄGERIN	143
IMPRESSUM	144

EINLEITUNG

Die faszinierende Welt der Biologie lädt Sie ein, gemeinsam die tiefsten Geheimnisse des Lebens zu entdecken. Haben Sie sich schon einmal gefragt, warum Schmetterlinge mit ihren Füßen schmecken oder wie es möglich ist, dass nur sechs Elemente den größten Teil unseres Körpers formen? Hinter solchen Fragen beginnt ein Universum voller Staunen – und genau dort setzt dieses Buch an.

Tauchen Sie ein in eine Welt, in der Wissenschaft und Wunder untrennbar miteinander verwoben sind. Die Biologie steckt voller Geschichten, die berühren, verblüffen und manchmal sogar sprachlos machen. Wussten Sie etwa, dass Tintenfische blaues Blut besitzen, weil sie Kupfer statt Eisen verwenden? Oder dass der bescheidene Kürbis im botanischen Sinne die größte Beere der Welt ist? Die Natur steckt voller Überraschungen – wunderschön, rätselhaft und manchmal gefährlich, wie die Pflanzen, deren Gifte selbst für den Menschen tödlich sein können.

Doch dieses Buch will mehr als nur Fakten vermitteln – es möchte Ihren Blick für die Schönheit und Tiefe der Natur schärfen. Ob es um die unglaublichen Anpassungen von Tieren geht oder um das fein abgestimmte Zusammenspiel eines Ökosystems – überall offenbart sich ein Wunderwerk aus Komplexität und Harmonie. Selbst im Reich der Insekten gibt es Rekorde zu entdecken: Die weltweite Biomasse der Ameisen kommt der des Menschen bemerkenswert nahe, und viele Arten gleiten in unzählige kurze Ruhephasen statt in einen langen Schlaf.

Lassen Sie uns gemeinsam hinausgehen – in die Wälder, unter das Mikroskop, in die Tiefen des Meeres und in die verborgenen Strukturen des Lebens. Öffnen Sie Herz und Verstand für das, was die Natur uns zeigen möchte!

NATURWUNDER AXOLOTL

Der Axolotl ist ein faszinierendes Geschöpf, das durch seine bemerkenswerte Fähigkeit zur Regeneration besticht. Dieses Tier, das in den Seen von Mexiko lebt, kann verlorene Gliedmaßen, Herzgewebe und sogar Teile seines Gehirns nachwachsen lassen. Diese Eigenschaft weckt großes Interesse, da sie Hoffnung auf medizinische Durchbrüche bietet. Wenn ein Axolotl verletzt wird, beginnt sein Körper sofort mit der Reparatur und ersetzt beschädigte Zellen durch neue, gesunde Zellen.

Forscher haben herausgefunden, dass die Regenerationsfähigkeit des Axolotls auf seine außergewöhnlichen Stammzellen zurückzuführen ist. Diese Zellen können sich in nahezu jede Art von Gewebe umwandeln, was dem Axolotl ermöglicht, komplexe Strukturen wie Knochen, Muskeln und Nerven zu erneuern. Dieses Phänomen fasziniert Biologen und Mediziner, die hoffen, diese Mechanismen eines Tages für die Behandlung menschlicher Verletzungen zu nutzen. Der Axolotl durchläuft keine vollständige Metamorphose wie andere Salamander; Biologen bezeichnen dieses bemerkenswerte Phänomen als Neotenie. Außerdem hält das Amphibium einen einzigartigen Extremrekord: Es besitzt das größte bekannte Genom im Tierreich – es ist etwa zehnmal größer als das menschliche Genom.

Trotz seines ungewöhnlichen Aussehens und seiner erstaunlichen Fähigkeiten ist der Axolotl bedroht. Umweltverschmutzung und die Zerstörung seines Lebensraums haben zu einem Rückgang seiner Population geführt. Dennoch wird der Axolotl weltweit studiert, in der Hoffnung, dass sein Geheimnis der Regeneration der Menschheit eines Tages zugutekommen könnte. Dieses skurrile Wesen bietet einen faszinierenden Einblick in die Wunder der Natur und die Möglichkeiten der biologischen Forschung.

LAUBENVOGEL BALZTANZ

In den dichten Wäldern von Papua-Neuguinea lebt der Laubenvogel, dessen Paarungsritual zu den faszinierendsten der Natur zählt. Das Männchen baut eine kunstvolle Laube aus Zweigen und schmückt sie mit farbenfrohen Objekten wie Blumen, Beeren und sogar menschlichem Müll. Diese Laube ist mehr als nur ein Nest; sie dient als Bühne für das aufwendige Balzritual, bei dem das Männchen um das Bauwerk herumtanzt und singt, um das Weibchen zu beeindrucken.

Dabei sind nicht nur seine Bewegungen wichtig, sondern auch die Anordnung und Farbenpracht seiner Dekorationen. Manche Arten gelten sogar als Illusionskünstler, da sie gezielt optische Täuschungen erzeugen: Sie arrangieren ihre Dekorationsobjekte nach Größe, um sich selbst aus der Perspektive des Weibchens größer erscheinen zu lassen.

Die Wahl des Partners hängt stark von der Attraktivität der Laube ab. Das Weibchen inspiziert sorgfältig die Baukunst und Kreativität des Männchens, bevor es eine Entscheidung trifft. Erst wenn es von der Darbietung und dem Bauwerk überzeugt ist, folgt die Paarung. Auch die Veredelung des Bauwerks ist entscheidend: Einige männliche Vögel zerkauen Früchte und Blätter, um aus dem Brei einen Farbstoff zu gewinnen, mit dem sie die Wände der Laube bemalen.

Diese Ritualisierung der Balz zeigt, wie weit Tiere gehen, um die besten Fortpflanzungs-Partner zu gewinnen. Der Laubenvogel demonstriert eindrucksvoll, dass Paarungsrituale in der Natur nicht nur körperliche Fitness, sondern auch kreative Intelligenz erfordern. Seine kunstvollen Lauben und ausgeklügelten Tänze sind ein Paradebeispiel für die außergewöhnlichen Strategien, die Tiere entwickeln, um ihre Gene weiterzugeben.

URSPRUNG MENSCH

Die Entwicklung des Homo sapiens ist eine der faszinierendsten Geschichten der Biologie und Anthropologie. Vor etwa 300.000 Jahren tauchten die ersten modernen Menschen in Afrika auf. Sie unterschieden sich von ihren Vorfahren durch größere Gehirne, was zu komplexeren Denkprozessen und innovativerem Verhalten führte.

Ein weiterer wichtiger Meilenstein in der Entwicklung des Homo sapiens war die Fähigkeit zur Sprache. Sie ermöglichte es, Wissen und Erfahrungen über Generationen hinweg weiterzugeben, was zu einer schnellen kulturellen und technologischen Entwicklung führte. Die schnelle evolutionäre Zunahme der Gehirngröße im Vergleich zu anderen Primaten wird durch die Tatsache ermöglicht, dass die menschliche Energiebilanz einen unverhältnismäßig hohen Anteil der aufgenommenen Kalorien für das Gehirn reserviert. Diese Fähigkeiten halfen den Homo sapiens, sich an verschiedene Umgebungen anzupassen und schließlich den ganzen Planeten zu besiedeln.

Die Wanderungen des Homo sapiens aus Afrika heraus vor etwa 70.000 Jahren führten zur Besiedlung Europas, Asiens und später Amerikas und Ozeaniens. Während dieser Wanderungen trafen sie auf andere Menschenarten wie den Neandertaler und den Denisova-Menschen, mit denen sie sich teilweise vermischten. Diese Begegnungen bereicherten das genetische Erbe des modernen Menschen. Interessante biologische Unterschiede gibt es auch im Skelett: Homo sapiens ist eine der wenigen Primatenarten, denen der Baculum (Peniskochen) fehlt, was unter Forschern weiterhin als evolutionäres Mysterium gilt. Heute trägt jeder Mensch außerhalb Afrikas etwa 1–2 % Neandertaler-DNA in sich. Die Geschichte der Entwicklung des Homo sapiens ist eine Geschichte von Anpassung, Innovation und interkulturellem Austausch.

FLEISCHFRESSENDE PFLANZEN

Betrachten Sie die faszinierende Welt der fleischfressenden Pflanzen. Sie bietet einige der spannendsten Geschichten der Biologie. Eine der bekanntesten unter ihnen ist die Venusfliegenfalle (Dionaea muscipula). Diese Pflanze, die in sumpfigen Gebieten der südöstlichen USA beheimatet ist, hat sich auf eine besondere Weise an nährstoffarme Böden angepasst: Sie fängt und verdaut Insekten. Mit ihren auffälligen, zahnähnlichen Blättern lockt die Venusfliegenfalle Beutetiere an. Sobald ein Insekt die empfindlichen Haare auf der Blattoberfläche berührt, schnappt die Falle blitzschnell zu.

Nach dem Zuschnappen der Blätter produziert die Venusfliegenfalle die notwendigen Enzyme. Innerhalb von etwa zehn Tagen werden die Nährstoffe aus dem Insekt aufgenommen, und die Falle öffnet sich wieder, bereit für das nächste Opfer. Für den berühmten Fang benötigt die Pflanze keine Muskeln; der Blitzverschluss erfolgt durch eine ultraschnelle Verschiebung des Zellwasserdrucks. Dieses raffinierte System ermöglicht es der Venusfliegenfalle, in Umgebungen zu überleben, in denen andere Pflanzen kaum wachsen können. Sie nimmt nicht nur durch die Wurzeln Nährstoffe auf, sondern auch direkt durch das Verdauen von Insekten.

Neben der Venusfliegenfalle gibt es viele andere faszinierende fleischfressende Pflanzen, wie den Sonnentau (Drosera) und die Kannenpflanze (Nepenthes), die jeweils ihre eigenen Methoden entwickelt haben, um Beute zu fangen. Der Sonnentau beispielsweise nutzt klebrige Tröpfchen, die an seinen Blättern haften, um Insekten zu fangen und zu verdauen. Ebenso beeindruckend ist der Wasserschlauch (Utricularia), dessen winzige Fallen unter Wasser ein Vakuum erzeugen, um Kleinstlebewesen blitzschnell einzusaugen. Diese Pflanzen zeigen eindrucksvoll, wie kreativ die Natur sein kann, um in schwierigen Lebensräumen zu überleben und zu gedeihen.

ANSTECKENDES GÄHNEN

Gähnen ist ein merkwürdiges Phänomen, das viele von uns schon erlebt haben. Wenn jemand in unserer Nähe gähnt, verspüren wir oft den Drang, selbst zu gähnen. Aber warum ist das so? Wissenschaftler haben dieses Phänomen intensiv untersucht und glauben, dass es mit sozialem und emotionalem Verhalten zusammenhängt. Eine Theorie besagt, dass ansteckendes Gähnen eine Form der Empathie ist. Wenn Sie jemanden gähnen sehen, aktiviert Ihr Gehirn automatisch die gleichen neuronalen Schaltkreise, die auch beim eigenen Gähnen aktiv sind.

Wissenschaftliche Erkenntnisse deuten darauf hin, dass die primäre physiologische Funktion des Gähnens in der Kühlung des Gehirns liegt, indem es den Blutfluss und die Herzfrequenz kurzzeitig erhöht.

Ein weiterer interessanter Aspekt des ansteckenden Gähnens ist, dass es oft innerhalb von Gruppen auftritt, sei es bei Menschen oder bei Tieren. Forschungen haben gezeigt, dass ansteckendes Gähnen besonders stark in sozialen Gruppen ist, wo Bindungen und die Bereitschaft zur Zusammenarbeit wichtig sind.

Es könnte sich also um eine Art soziales Bindemittel handeln, das die Mitglieder einer Gruppe aufeinander einstimmt und das gemeinsame Verhalten fördert. Tatsächlich haben Studien gezeigt, dass ansteckendes Gähnen bei nahestehenden Personen wie Freunden und Familienmitgliedern häufiger auftritt als bei Fremden.

Zudem gibt es Hinweise darauf, dass die Ansteckung durch Gähnen auch eine evolutionäre Funktion haben könnte. In einer Gruppe von Tieren könnte das gleichzeitige Gähnen die Wachsamkeit erhöhen, indem es die Aufmerksamkeit aller Mitglieder weckt und sie auf potenzielle Gefahren vorbereitet.

LEBENDE FOSSILIEN

Jahrmillionen überdauert haben Tiere, die als lebende Fossilien bezeichnet werden. Sie bieten uns heute einen faszinierenden Einblick in die Geschichte des Lebens auf der Erde. Ein berühmtes Beispiel ist der Quastenflosser, ein Fisch, der seit über 400 Millionen Jahren existiert und zunächst nur aus Fossilien bekannt war, bis er 1938 lebend entdeckt wurde. Dieser Fisch hat seine urtümlichen Merkmale weitgehend beibehalten und zeigt, wie einige Lebewesen den Wandel der Erdgeschichte nahezu unverändert überstehen konnten.

Ein weiteres faszinierendes Beispiel ist der Pfeilschwanzkrebs, der seit etwa 450 Millionen Jahren existiert. Dieser Meeresbewohner hat sich kaum verändert und spielt eine wichtige Rolle in der medizinischen Forschung, da sein einzigartiges blaues Blut verwendet wird, um bakterielle Verunreinigungen in medizinischen Produkten zu testen. Seine Fähigkeit, so lange zu überleben, ohne sich wesentlich zu verändern, zeigt, wie einige Arten ihre Nische perfekt besetzen und evolutionären Druck vermeiden konnten. Ein bekanntes Beispiel aus dem Pflanzenreich ist der Ginkgo, dessen Blätter und Bauplan sich seit über 200 Millionen Jahren kaum verändert haben, was ihn zum ältesten lebenden Baum macht.

Dann gibt es noch den Nautilus, einen Kopffüßer, der seit etwa 500 Millionen Jahren die Ozeane bewohnt. Sein schalenförmiges Gehäuse und seine Lebensweise haben sich kaum verändert, was ihn zu einem Paradebeispiel für ein lebendes Fossil macht. Diese urzeitlichen Überlebenskünstler sind nicht nur biologisch interessant, sondern erinnern uns auch daran, wie sich das Leben auf der Erde über unvorstellbar lange Zeiträume entwickelt hat. Lebende Fossilien bieten Ihnen einen einzigartigen Blick auf die Beständigkeit des Lebens und die Kräfte der Evolution, die einige Arten nahezu unverändert gelassen haben.

MIKROBEN DER EXTREME

Extremophile Mikroorganismen sind faszinierende Lebewesen, die in den unwirtlichsten Umgebungen der Erde überleben und gedeihen. Diese bemerkenswerten Organismen können extremen Temperaturen, pH-Werten, Salzkonzentrationen und Druckbedingungen standhalten, die für die meisten anderen Lebensformen tödlich wären.

Ein bekanntes Beispiel sind die Thermophilen, Mikroben, die in kochend heißen Quellen und Tiefsee-Hydrothermalquellen leben, wo Temperaturen über 100 Grad Celsius herrschen. Ebenso bemerkenswert sind die Psychrophilen, die in den ewigen Eisschichten der Arktis und Antarktis gedeihen und bei Temperaturen deutlich unter dem Gefrierpunkt aktiv bleiben.

Ein weiteres beeindruckendes Beispiel sind die Halophilen, die in extrem salzigen Umgebungen wie den Salzseen und Salzpfannen leben. Diese Mikroorganismen haben spezielle Mechanismen entwickelt, um in salzreichen Milieus zu überleben, indem sie hohe Konzentrationen von Salz in ihren Zellen ausgleichen. Sie zeigen, wie Leben selbst unter den extremsten chemischen Bedingungen bestehen kann, indem es sich an die Umgebung anpasst.

Dann gibt es die Acidophilen und Alkaliphilen, die in extrem sauren oder basischen Umgebungen überleben. Diese Mikroorganismen finden sich in Milieus wie sauren Minenabwässern oder alkalischen Seen und haben einzigartige biochemische Anpassungen, die es ihnen ermöglichen, in diesen extremen pH-Werten zu gedeihen.

Extremophile Mikroorganismen sind nicht nur wissenschaftlich interessant, sondern haben auch praktische Anwendungen in der Biotechnologie und der Astrobiologie, da sie Modelle für mögliches Leben auf anderen Planeten darstellen.

REKORDHALTER DER NATUR

Rekorde in der faszinierenden Welt der Biologie zeigen uns einige erstaunliche Dimensionen des Lebens auf. Der größte lebende Organismus ist der Honigpilz (Armillaria ostoyae) im Malheur National Forest in Oregon, USA. Dieses Pilzgeflecht erstreckt sich über beeindruckende 9,6 Quadratkilometer und ist schätzungsweise 2.400 Jahre alt.

Das kleinste bekannte Lebewesen ist das Mycoplasma genitalium, ein Bakterium, das nur etwa 200 bis 300 Nanometer groß ist. Dieses winzige Bakterium hat eines der kleinsten bekannten Genome und lebt oft als Parasit in den Zellen von Wirbeltieren. Seine geringe Größe und einfache Struktur machen es zu einem faszinierenden Studienobjekt für Wissenschaftler, die die minimalen Voraussetzungen für Leben erforschen.

Das älteste bekannte lebende Lebewesen ist die Great Basin Bristlecone Pine (Pinus longaeva), ein Baum, der in den White Mountains von Kalifornien wächst. Einige dieser Bäume sind über 5.000 Jahre alt und haben unzählige historische Ereignisse überdauert. Ihre beeindruckende Langlebigkeit verdanken sie ihrer Fähigkeit, in extremen klimatischen Bedingungen zu überleben und sich langsam zu regenerieren.

Der unangefochtene Rekordhalter in der Kategorie des größten Tieres der Erde ist der Blauwal (Balaenoptera musculus), dessen Herz allein die Größe eines Kleinwagens erreichen kann.

Das schnellste Tier auf der Erde ist der Wanderfalke (Falco peregrinus), der im Sturzflug Geschwindigkeiten von über 320 Kilometern pro Stunde erreichen kann. Diese unglaubliche Geschwindigkeit ermöglicht es dem Wanderfalken, seine Beute im Flug zu fangen und macht ihn zu einem der effizientesten Jäger in der Tierwelt.

URINGERUCH ERKLÄRT

Spargel ist nicht nur eine Delikatesse, sondern auch bekannt für eine besonders merkwürdige Nebenwirkung: Er lässt den Urin stark riechen. Dieser Effekt wird durch Schwefelverbindungen im Spargel verursacht, die beim Verdauen freigesetzt und über den Urin ausgeschieden werden. Insbesondere enthält Spargel eine Verbindung namens Asparagusinsäure, die im Körper zu verschiedenen schwefelhaltigen Abbauprodukten wie Methanthiol und Dimethylsulfid zersetzt wird. Diese Verbindungen sind für den charakteristischen Geruch verantwortlich, den viele Menschen nach dem Spargelgenuss im Urin bemerken.

Bemerkenswert ist, dass diese Abbauprodukte bereits 15 bis 30 Minuten nach dem Verzehr im Urin nachweisbar sind, was den extrem schnellen Stoffwechsel der Asparagusinsäure belegt.

Interessanterweise können nicht alle Menschen diesen Geruch wahrnehmen. Studien haben gezeigt, dass die Fähigkeit, den charakteristischen Spargelgeruch im Urin zu riechen, genetisch bedingt ist. Einige Menschen haben eine genetische Variation, die es ihnen ermöglicht, diese spezifischen Schwefelverbindungen zu erkennen, während andere diese Fähigkeit nicht besitzen. Diese Variation in der Geruchswahrnehmung bedeutet, dass einige Menschen nach dem Essen von Spargel keinen Unterschied im Urin feststellen, obwohl die chemischen Verbindungen vorhanden sind.

Das Phänomen des Spargelurins ist ein faszinierendes Beispiel dafür, wie Ernährung, Verdauung und Genetik auf überraschende Weise interagieren können. Das nächste Mal, wenn Sie Spargel essen, denken Sie daran, dass der seltsame Geruch Ihres Urins ein kleines wissenschaftliches Wunder ist, das die Komplexität der menschlichen Biologie widerspiegelt.

ZELLEN ALTERN UNAUFHALTSAM

Biologisch gesehen ist das Altern ein unvermeidlicher Teil des Lebens. Die Mechanismen dahinter sind komplex und faszinierend. Im Kern des Alterungsprozesses steht die Zelle, die kleinste Einheit des Lebens. Jede unserer Zellen enthält DNA, das genetische Material, das alle Informationen für das Wachstum und die Funktion unseres Körpers bereitstellt. Mit der Zeit und jeder Zellteilung häufen sich jedoch Schäden an der DNA an. Diese Schäden können durch verschiedene Faktoren wie UV-Strahlung, Umweltgifte oder einfach durch Fehler bei der Zellteilung entstehen.

Ein weiteres wichtiges Element im Alterungsprozess sind die sogenannten Telomere, die Schutzkappen an den Enden unserer Chromosomen. Telomere verkürzen sich bei jeder Zellteilung. Wenn sie zu kurz werden, kann die Zelle nicht mehr richtig funktionieren und stirbt schließlich ab. Dies führt zu einem Rückgang der Zellfunktion und trägt zur Alterung des Gewebes und des gesamten Körpers bei.

Ebenso zentral sind die Mitochondrien, deren nachlassende Energieproduktion und die Freisetzung freier Radikale den zellulären Stress maßgeblich erhöhen und den Alterungsprozess beschleunigen.

Auch das Immunsystem spielt eine entscheidende Rolle. Im Laufe der Zeit wird es weniger effizient und anfälliger für Krankheiten. Diese Kombination aus DNA-Schäden, Telomerverkürzung und einem geschwächten Immunsystem führt zu den sichtbaren und fühlbaren Zeichen des Alterns: Falten, graue Haare, verringerte Muskelkraft und eine erhöhte Anfälligkeit für Krankheiten.

Trotz dieser unvermeidlichen Prozesse arbeiten Wissenschaftler daran, die Mechanismen des Alterns besser zu verstehen und Wege zu finden, um den Alterungsprozess zu verlangsamen.

GEHEIMNIS TIEFSEE

Nur wenige Lebensräume sind so faszinierend und geheimnisvoll wie die Tiefsee auf unserem Planeten. In den dunklen, kalten Tiefen des Ozeans gibt es eine erstaunliche Vielfalt an Lebewesen, die sich an extreme Bedingungen angepasst haben. Ohne Sonnenlicht und bei Temperaturen knapp über dem Gefrierpunkt haben sich hier einzigartige Ökosysteme entwickelt. Hydro-Thermalquellen sind eine der bekanntesten Sehenswürdigkeiten der Tiefsee. Diese Quellen, die aus dem Meeresboden heiße, mineralreiche Flüssigkeit ausstoßen, sind Heimat für eine Vielzahl von Lebewesen, darunter riesige Röhrenwürmer und bizarre Fische.

Die Tiere der Tiefsee haben erstaunliche Anpassungen entwickelt, um in dieser extremen Umgebung zu überleben. Einige haben Biolumineszenz entwickelt, die Fähigkeit, Licht zu erzeugen, um Beute anzulocken oder Feinde abzuschrecken. Andere, wie der Anglerfisch, haben besondere Jagdstrategien und riesige Mäuler, um in der Dunkelheit effizient Beute zu machen. Der immense Wasserdruck in diesen Tiefen – der bis zu 1.000 Atmosphären betragen kann – erfordert einzigartige molekulare Anpassungen in den Körpern der Lebewesen, um Proteine stabil zu halten. In der Tiefsee gibt es auch faszinierende Lebensräume wie kalte Quellen, bei denen Methan oder andere Kohlenwasserstoffe aus dem Meeresboden austreten. Diese Quellen unterstützen ebenfalls vielfältige Gemeinschaften von Mikroben und anderen Lebewesen.

Die Entdeckung der Tiefsee und ihrer Bewohner hat unser Verständnis von Leben und den Bedingungen, unter denen es existieren kann, revolutioniert. Diese entlegenen Lebensräume zeigen uns, dass das Leben selbst unter den extremsten Bedingungen gedeihen kann und öffnen die Tür zu neuen Fragen über die Grenzen des Lebens auf der Erde und möglicherweise darüber hinaus.

VON KLETTEN LERNEN

Oftmals dient die Natur als Vorbild für innovative Technologien. Ein faszinierendes Beispiel dafür ist der Klettverschluss. Diese bahnbrechende Erfindung wurde von den winzigen Haken und Schlaufen inspiriert, die an den Samen der Klettpflanze zu finden sind. Der Schweizer Ingenieur George de Mestral entdeckte dieses Prinzip in den 1940er Jahren, als er nach einem Spaziergang durch die Natur bemerkte, wie die Kletten an seiner Kleidung und dem Fell seines Hundes haften blieben. Bei genauer Untersuchung unter einem Mikroskop sah er, dass die Samen winzige Haken hatten, die sich in den Schlaufen des Stoffes verhakten. Fasziniert von diesem Mechanismus begann de Mestral mit der Entwicklung eines Materials, das diesen natürlichen Effekt nachahmen konnte.

De Mestral erkannte das Potenzial dieser natürlichen Mechanik und entwickelte daraufhin den ersten Klettverschluss, der aus zwei Streifen besteht: einer mit kleinen Haken und einer mit weichen Schlaufen. Wenn die beiden Streifen zusammengepresst werden, greifen die Haken in die Schlaufen und erzeugen eine starke, aber dennoch wieder lösbare Verbindung. Nach jahrelanger Forschung und Verbesserung stellte er 1955 schließlich den ersten industriell gefertigten Klettverschluss vor. Das Prinzip war so bahnbrechend, dass der ursprüngliche Name Velcro aus der Kombination der französischen Wörter Velours (Samt) und Crochet (Haken) gebildet wurde. Diese Technologie hat seitdem eine Vielzahl von Anwendungen gefunden, von Kleidung und Schuhen bis hin zu medizinischen Geräten und Weltraumausrüstung.

Der Klettverschluss zeigt eindrucksvoll, wie die Beobachtung und Nachahmung natürlicher Prozesse zu bahnbrechenden Erfindungen führen kann, die unser tägliches Leben bereichern.

MAGNETISCHE NAVIGATION

Zu den am wenigsten verstandenen Phänomenen in der Wissenschaft zählt die Fähigkeit vieler Vögel, sich anhand des Erdmagnetfelds zu orientieren. Diese Fähigkeit, als Magnetorezeption bekannt, ermöglicht es Vögeln, unglaubliche Langstreckenflüge mit erstaunlicher Präzision zu navigieren.

Obwohl Wissenschaftler wissen, dass Vögel das Magnetfeld der Erde wahrnehmen können, bleiben die genauen Mechanismen und beteiligten biologischen Strukturen weitgehend ein Rätsel. Forscher haben verschiedene Hypothesen aufgestellt, darunter das Vorhandensein magnetischer Partikel in den Vogelhirnen oder spezielle lichtempfindliche Moleküle in den Augen, die auf magnetische Felder reagieren könnten.

Experimente haben gezeigt, dass Vögel selbst bei bewölktem Himmel und ohne sichtbare Landmarken ihren Weg finden können, was die Bedeutung des Magnetfelds für ihre Navigation unterstreicht. Einige Studien deuten darauf hin, dass die sogenannten Kryptochrome in den Augen der Vögel eine Rolle spielen könnten. Diese Moleküle könnten durch das Erdmagnetfeld beeinflusst werden, was den Vögeln hilft, ihren Kurs zu halten.

Interessanterweise legen einige Studien nahe, dass Vögel das Magnetfeld nicht nur spüren, sondern es durch die Kryptochrome als visuelle Muster oder einen »Kompass« auf der Netzhaut regelrecht »sehen« könnten. Andere Untersuchungen vermuten, dass bestimmte Nervenzellen im Gehirn der Vögel magnetische Informationen verarbeiten und interpretieren können.

Trotz dieser Fortschritte in der Forschung bleiben viele Fragen unbeantwortet. Wie genau diese sensorischen Systeme aufgebaut sind und wie sie im Detail funktionieren, ist noch nicht vollständig verstanden.

UNERKLÄRTE AUSLÖSCHUNGEN

Immer wieder ist es im Laufe der Geschichte zu Massensterben gekommen, die Wissenschaftler vor Rätsel stellen. Diese Ereignisse, bei denen große Mengen von Tieren oder Pflanzen plötzlich und unerwartet sterben, sind schwer zu erklären und werfen viele Fragen auf.

Ein berühmtes Beispiel ist das Aussterben der Dinosaurier vor etwa 65 Millionen Jahren. Die gängigste Theorie besagt, dass ein massiver Asteroideneinschlag und die daraus resultierenden Umweltveränderungen die Ursache waren, doch endgültige Beweise fehlen. Historisch betrachtet gab es in der Erdgeschichte bereits fünf große Massensterben, wobei das Aussterben der Dinosaurier (Kreide-Paläogen-Ereignis) nur das jüngste der sogenannten »Big Five« war.

Auch in jüngerer Zeit gibt es unerklärte Massensterben. Zum Beispiel das Phänomen des Bienensterbens, auch bekannt als »Colony Collapse Disorder« (CCD), bei dem ganze Bienenvölker spurlos verschwinden. Trotz umfangreicher Forschung bleibt die genaue Ursache unklar. Pestizide, Krankheiten, Parasiten und Umweltveränderungen werden als mögliche Faktoren diskutiert, aber es gibt noch keine definitive Antwort.

Ein weiteres mysteriöses Phänomen ist das Massensterben von Meereslebewesen. Immer wieder werden an Stränden große Mengen toter Fische, Vögel oder Meeressäuger gefunden, ohne dass eine klare Ursache erkennbar ist. Hypothesen reichen von Toxinen und Umweltverschmutzung bis hin zu Veränderungen im Ozean wie Sauerstoffmangel oder Temperatur-Veränderungen.

Diese unerklärten Massensterben erinnern Sie daran, wie wenig wir über die komplexen und oft fragilen Ökosysteme unseres Planeten wissen und wie viel es noch zu entdecken gibt.

BIOLOGIE OHNE PAARUNG

Parthenogenese gilt als ein faszinierendes biologisches Phänomen, bei dem Weibchen ohne die Beteiligung eines Männchens Nachkommen erzeugen können. Diese Form der ungeschlechtlichen Fortpflanzung kommt bei verschiedenen Tierarten vor, darunter Reptilien, Amphibien, Fische, Insekten und sogar einige Wirbeltiere.

Ein bemerkenswertes Beispiel sind die Wandelnden Blättertiere (Phasmatodea), bei denen Weibchen in der Lage sind, unbefruchtete Eier zu legen, die sich zu weiteren Weibchen entwickeln können. Bemerkenswert ist auch das Phänomen der fakultativen Parthenogenese, bei dem sich normalerweise sexuell reproduzierende Arten wie einige Hai- und Komodowaranweibchen notfalls ungeschlechtlich fortpflanzen können.

Bei der Parthenogenese entstehen die Nachkommen aus unbefruchteten Eizellen, die durch Meiose entstanden sind. Interessanterweise ist Parthenogenese bei Säugetieren aufgrund des Phänomens der genomischen Prägung, bei dem Gene spezifisch von Vater oder Mutter stammen müssen, biologisch nahezu unmöglich. Die genetische Vielfalt dieser Nachkommen ist geringer als bei geschlechtlicher Fortpflanzung, da sie nur die genetische Information des Weibchens enthalten. Dies führt zu genetischen Klonen, die genetisch identisch mit der Mutter sind.

Die Vorteile der Parthenogenese liegen in der schnellen Fortpflanzung und Anpassungsfähigkeit unter günstigen Umweltbedingungen. Einige Arten nutzen diese Strategie, um schnell Populationen zu erhöhen und Lebensräume zu besiedeln. Dennoch gibt es auch Nachteile, wie die Anfälligkeit für Umweltveränderungen und Krankheiten aufgrund des Mangels an genetischer Vielfalt.

MYSTERIÖSER PLACEBO-EFFEKT

Unter den faszinierendsten Phänomenen in der Medizin und Psychologie findet sich der Placebo-Effekt. Hierbei tritt eine positive gesundheitliche Verbesserung auf, obwohl die Behandlung selbst keinen pharmakologischen oder aktiven medizinischen Wirkstoff enthält. Dieses Phänomen zeigt die erstaunliche Kraft des Geistes über den Körper und wird intensiv erforscht, um seine Mechanismen besser zu verstehen.

In Studien wurde gezeigt, dass der Placebo-Effekt auf eine komplexe Wechselwirkung zwischen psychologischen, neurobiologischen und sozialen Faktoren zurückzuführen ist. Beispielsweise können Erwartungen, Glaube an die Behandlung, die Beziehung zum Behandler und sogar der Kontext der Behandlung eine Rolle spielen.

Neurologisch betrachtet aktiviert der Glaube an eine wirksame Behandlung bestimmte Gehirnregionen, die mit der Schmerzkontrolle, Belohnungssystemen und Stress-Reaktionen verbunden sind. Tatsächlich konnten Forscher nachweisen, dass der Placebo-Effekt zur Freisetzung körpereigener Opioide, wie Endorphine, führen kann, was seine schmerzlindernde Wirkung neurochemisch erklärt. Studien haben zudem gezeigt, dass der Effekt durch äußere Faktoren wie die Darreichungsform (z.B. Injektionen wirken oft stärker als Pillen) oder den wahrgenommenen Preis des Medikaments verstärkt werden kann.

Ein herausfordernder Aspekt des Placebo-Effekts ist seine Anwendung in klinischen Studien und der Medizin. Hier wird er als Kontrollgruppe verwendet, um die tatsächliche Wirksamkeit neuer Medikamente und Behandlungen zu testen. Die Ethik des Placebo-Einsatzes in der medizinischen Praxis und die Potenzierung des Placebo-Effekts durch Informations- und Erwartungseffekte sind wichtige Diskussionsthemen in der modernen Medizin.

MUTATION UND ANPASSUNG

Mutationen führen in der Welt der Biologie manchmal zu Tieren mit faszinierenden und ungewöhnlichen Merkmalen. Ein Beispiel ist die fluoreszierende Qualle, Aequorea victoria, die dank einer genetischen Mutation in der Lage ist, grün zu leuchten.

Dieses ungewöhnliche Merkmal hat Wissenschaftler inspiriert und führte zur Entdeckung des Grün-Fluoreszierenden Proteins (GFP), das heute in der medizinischen Forschung weit verbreitet ist, um Proteine und Zellstrukturen sichtbar zu machen.

Ein weiteres beeindruckendes Beispiel ist die zweiköpfige Schlange, die durch eine seltene genetische Mutation entsteht. Diese Tiere haben oft Schwierigkeiten, in freier Wildbahn zu überleben, da die beiden Köpfe nicht immer zusammenarbeiten und es Probleme beim Jagen und Fressen gibt. Dennoch sind sie ein bemerkenswertes Beispiel für die Vielfalt und die Wunder der Natur.

Ein besonders skurriles Beispiel ist die Polydaktyle Katze, auch bekannt als »Hemingway-Katze«, die durch eine genetische Mutation mehr als die üblichen vier Zehen an ihren Pfoten hat. Diese zusätzlichen Zehen können den Katzen helfen, besser zu greifen und zu klettern, obwohl sie manchmal auch zu gesundheitlichen Problemen führen können.

Ein weiteres, evolutionär signifikantes Beispiel ist die Sichelzellenmutation beim Menschen, die zwar zu einer Blutkrankheit führen kann, in bestimmten Regionen aber einen Schutz vor Malaria bietet. Diese außergewöhnlichen Fälle von Mutationen zeigen, wie anpassungsfähig und vielfältig die Natur ist und wie sie trotz scheinbar widriger Umstände Wege findet, zu überleben.

ÜBERLEBEN IM MEER

Die Koexistenz von Clownfischen und Seeanemonen ist eine faszinierende Symbiose, die ein bemerkenswertes Beispiel für die komplexen Beziehungen in der Natur darstellt. Clownfische, bekannt für ihre leuchtenden Farben und auffälligen Muster, finden Schutz vor Raubtieren in den giftigen Tentakeln der Seeanemonen. Im Gegenzug bietet der Clownfisch der Seeanemone Nahrung in Form von Parasiten und abgestorbenen Schuppen, die er von seiner Haut abstreift. Diese Beziehung ist nicht nur für den Clownfisch überlebenswichtig, sondern auch für die Seeanemone von Vorteil.

Die Partnerschaft zwischen Clownfischen und Seeanemonen geht jedoch über den einfachen Austausch von Schutz und Nahrung hinaus. Der Clownfisch lockt auch Beute in die Nähe der Seeanemone, die dann von deren Tentakeln gefangen und verdaut werden kann. Darüber hinaus sind Clownfische immun gegen das Gift der Seeanemone, was sie zu einzigartigen Bewohnern dieses gefährlichen Ortes macht. Diese Immunität gegen das Nesselgift erlangt der Clownfisch durch die Entwicklung einer speziellen Schleimschicht, welche die Anemone daran hindert, ihre giftigen Nesselzellen (Nematocysten) auszulösen.

Diese Zusammenarbeit zeigt, wie Tiere sich gegenseitig unterstützen können, um in ihrer Umgebung zu gedeihen. Die Symbiose ist ein faszinierendes Beispiel dafür, wie das Leben auf der Erde in einem fein abgestimmten Gleichgewicht existiert. Die komplexen Interaktionen zwischen verschiedenen Arten zeigen, dass Überleben oft auf Zusammenarbeit und gegenseitige Abhängigkeit angewiesen ist. Clownfische und Seeanemonen demonstrieren eindrucksvoll, wie zwei völlig unterschiedliche Lebewesen voneinander profitieren können, um gemeinsam in einer rauen Umgebung zu überleben.

ÜBERMENSCHLICHE KRÄFTE

Das immense Potenzial des menschlichen Geistes und Körpers offenbart sich in den außergewöhnlichen Fähigkeiten mancher Menschen. Diese Leistungen beeindrucken und inspirieren uns immer wieder. Ein herausragendes Beispiel sind Gedächtniskünstler, die unglaubliche Mengen an Informationen speichern und wiedergeben können.

Diese Personen, auch als »Mnemonisten« bekannt, nutzen spezielle Techniken und Strategien, um ihre Gedächtnisleistung zu maximieren. Sie können sich Hunderte von Zahlen, Namen oder Karten in kürzester Zeit merken und verblüffen damit ihr Publikum. Vielfach nutzen diese Gedächtniskünstler die sogenannte »Loci-Methode«, eine Technik, bei der abstrakte Informationen mit Orten in einer bekannten räumlichen Umgebung verknüpft werden, um den Abruf zu erleichtern.

Ebenso faszinierend sind Extrem-Sportler, die ihre körperlichen Grenzen ständig neu definieren. Solche Athleten trainieren intensiv, um außergewöhnliche Leistungen zu erbringen, sei es beim Ultramarathon, Freeclimbing oder Apnoetauchen. Ihre Fähigkeit, Schmerzen zu ertragen, mentale Stärke zu zeigen und unter extremen Bedingungen zu bestehen, macht sie zu Vorbildern in Sachen Durchhaltevermögen und Disziplin. Sie zeigen Ihnen eindrücklich, was der menschliche Körper und Geist zu leisten imstande sind, wenn sie bis ans Äußerste gefordert werden.

Diese überragenden Leistungen erinnern uns daran, dass durch gezieltes Training und Entschlossenheit unglaubliche Dinge möglich sind. Sie inspirieren uns, die eigenen Grenzen zu hinterfragen und das Beste aus unseren Fähigkeiten herauszuholen.

ANGST VOR ENTEN

Phobien manifestieren sich in zahlreichen und teils kuriosen Formen, aber einige sind besonders ungewöhnlich. Ein faszinierendes Beispiel ist die Anatidaephobie – die irrationale Angst, von Enten beobachtet zu werden. Diese seltsame Phobie mag zunächst lächerlich erscheinen, doch für die Betroffenen ist sie durchaus real und kann erheblichen Stress verursachen. Der Gedanke, dass irgendwo, irgendwie eine Ente sie beobachtet, kann bei diesen Menschen Panik und Unbehagen auslösen.

Anatidaephobie ist natürlich eine seltene Phobie, die meist humorvoll dargestellt wird. Sie zeigt jedoch, wie vielfältig und individuell Ängste sein können. Diese spezifische Angst wird oft in humoristischen Kontexten erwähnt, aber sie verdeutlicht auch, wie das menschliche Gehirn manchmal ungewöhnliche Verbindungen und Assoziationen herstellt.

Neben der Angst vor Enten existieren zahlreiche andere spezifische Ängste, beispielsweise die »Hexakosioihexekontahexaphobie«, die irrationale Furcht vor der Zahl 666. Phobien entstehen oft durch traumatische Erlebnisse oder erlerntes Verhalten, aber in Fällen wie der Anatidaephobie scheint die Ursache weniger offensichtlich und eher psychologisch komplex zu sein.

Während viele Menschen über eine Phobie wie Anatidaephobie schmunzeln mögen, ist es wichtig, Verständnis für die tieferliegenden Ängste der Betroffenen zu haben. Phobien, so kurios sie auch erscheinen mögen, sind ernsthafte psychische Zustände, die das tägliche Leben erheblich beeinträchtigen können.

Durch Therapie und professionelle Hilfe können viele Menschen lernen, ihre Ängste zu bewältigen und ein normales Leben zu führen, frei von irrationalen Befürchtungen.

GIGANTISCHE BLUME

Ein wahres botanisches Wunderwerk ist die größte Blume der Welt, die Rafflesia arnoldii. Mit einem Durchmesser von bis zu 90 Zentimetern und einem Gewicht von 11 Kilogramm ist ihre Erscheinung nicht nur beeindruckend, sondern schlichtweg gigantisch.

Diese faszinierende Blume wächst nur in den dichten Regenwäldern Sumatras und Borneos, wo sie eine hochspezialisierte Lebensweise entwickelt hat. Die Rafflesia arnoldii gehört zu den parasitischen Pflanzen und besitzt weder eigene Blätter noch Wurzeln. Sie bezieht ihre lebensnotwendigen Nährstoffe ausschließlich aus den Geweben ihrer Wirtspflanzen – meist Lianen der Gattung Tetrastigma – welche sie vollständig durchdringt. Dieser völlige »Parasitismus« macht sie zu einer der einzigartigsten Blütenpflanzen überhaupt.

Ihre gigantische Blüte, die direkt aus dem Boden oder vom Stamm des Wirts erscheint, zieht durch ihre Größe und einen intensiven Geruch nach verrottendem Fleisch sowohl Bestäuber als auch Forscher an. Dieser Aasgeruch, der große Fliegen anlockt, dient der notwendigen Bestäubung und ist ein weiteres bemerkenswertes Merkmal dieser außergewöhnlichen Pflanze. Obwohl die Knospe der Rafflesia fast neun Monate bis zur vollen Entfaltung benötigt, währt die gigantische Blüte selbst meist nur fünf bis sieben Tage, bevor sie vergeht.

Obwohl die Rafflesia arnoldii beeindruckend ist, ist sie äußerst selten und schwer zu finden. Ihre Blütezeit ist kurz und sie erfordert hochspezifische ökologische Bedingungen, um zu gedeihen. Diese Kombination aus Seltenheit, Größe und ungewöhnlicher Biologie macht sie zu einem der faszinierendsten Naturphänomene und einem wichtigen Symbol für die schützenswerten Wunder der tropischen Regenwälder.

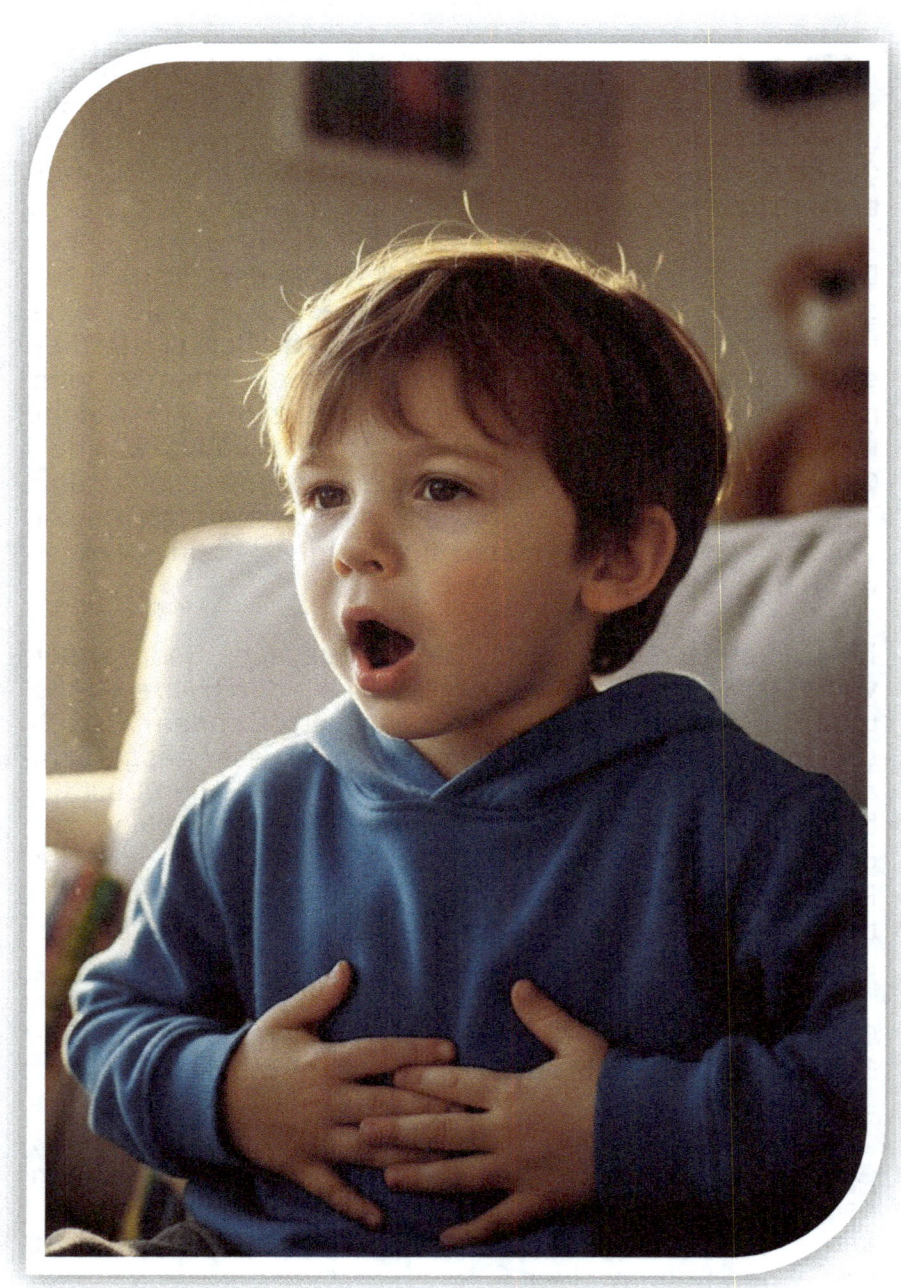

SCHLUCKAUF VERSTEHEN

Als lästiges, aber faszinierendes Phänomen hat Schluckauf Sie sicherlich schon einmal geplagt. Sein Ursprung liegt in den plötzlichen, unwillkürlichen Kontraktionen des Zwerchfells, des großen Muskels, der den Brustkorb von der Bauchhöhle trennt und eine entscheidende Rolle beim Atmen spielt. Diese Muskelzuckungen führen dazu, dass die Stimmbänder abrupt schließen, was das charakteristische »Hick«-Geräusch erzeugt.

Warum bekommen wir Schluckauf? Es gibt viele Auslöser, aber oft entsteht er durch schnelle oder übermäßige Nahrungsaufnahme, kohlensäurehaltige Getränke oder scharfe Speisen, die das Zwerchfell reizen. Auch plötzliche Temperaturwechsel, wie das Trinken von heißem Tee und anschließendem Eiswasser, können Schluckauf hervorrufen. Manchmal ist er auch eine Reaktion auf emotionale Faktoren wie Aufregung, Stress oder Lachen.

Wissenschaftler vermuten, dass Schluckauf ein evolutionäres Überbleibsel eines Reflexes aus der frühen Entwicklung sein könnte, möglicherweise verwandt mit dem Atmen bei Amphibien oder dem Schluckreflex bei Föten. Als kurioser Rekord gilt der Fall von Charles Osborne, der über eine Dauer von fast 67 Jahren durchgängig Schluckauf hatte, was seine lästige Natur ins Extreme steigert.

Obwohl Schluckauf in den meisten Fällen harmlos und nur vorübergehend ist, kann er gelegentlich länger anhalten und lästig werden. Doch das Wissen über seinen Ursprung und die vielfältigen Auslöser kann Ihnen helfen, ihn besser zu verstehen und vielleicht sogar zu vermeiden. Das Phänomen bleibt ein kurioses Beispiel für die komplexe und manchmal unvorhersehbare Funktionsweise unseres Körpers.

BIOLOGIE IN DER KÜCHE

Oftmals findet die Biologie einen Weg in die Küche, wo natürliche Prozesse wie Fermentation und Karamellisierung unsere Lebensmittel verändern und verbessern. Fermentation ist ein biologischer Prozess, bei dem Mikroorganismen wie Hefe, Bakterien oder Pilze Zucker in Alkohol oder Säure umwandeln.

Dies ist der Schlüssel zur Herstellung von Brot, Bier, Wein, Sauerkraut und Joghurt. Diese Lebensmittel entwickeln durch Fermentation nicht nur ihren charakteristischen Geschmack und ihre Textur, sondern können auch länger haltbar sein.

Karamellisierung hingegen ist ein chemischer Prozess, der durch Erhitzen von Zucker entsteht. Unter Einwirkung von Hitze zerfallen die Zuckermoleküle und bilden komplexe Aromastoffe und Farben. Karamell entsteht, wenn der Zucker schmilzt und eine goldbraune Farbe annimmt. Dies verleiht Süßspeisen, Soßen und sogar bestimmten Fleischgerichten ihre charakteristische Süße und Geschmackstiefe. Neben der Karamellisierung ist die »Maillard-Reaktion« von entscheidender Bedeutung, bei der Aminosäuren und reduzierende Zucker unter Hitze reagieren und komplexe Aromen (etwa bei gebratenem Fleisch oder Kaffeebohnen) erzeugen. Hierbei ist zu beachten, dass die Karamellisierung erst bei deutlich höheren Temperaturen, oft über hundertsechzig Grad Celsius, einsetzt, während die »Maillard-Reaktion« schon bei weniger als hundert Grad beginnt.

In der Küche treffen Biologie und Chemie aufeinander, um Geschmack und Textur von Lebensmitteln zu verändern. Fermentation und Karamellisierung sind zwei Beispiele dafür, wie natürliche Prozesse genutzt werden, um kulinarische Meisterwerke zu schaffen, die unseren Gaumen erfreuen und unseren Tisch bereichern.

ÖKOSYSTEM REGENWALD

Als wahrer Schatz an Biodiversität gelten die Regenwälder der Welt, da sie eine schier unerschöpfliche Vielfalt an Leben beherbergen. Diese üppigen Ökosysteme, die hauptsächlich in den Tropen zu finden sind, sind nicht nur Heimat für Millionen von Pflanzen- und Tierarten, sondern spielen auch eine entscheidende Rolle im globalen Klimasystem. Die Artenvielfalt reicht von majestätischen Baumriesen bis hin zu winzigen Insekten und Mikroorganismen, die oft nur in diesem einzigartigen Lebensraum existieren.

Obwohl die tropischen Regenwälder weniger als sechs Prozent der Landfläche der Erde bedecken, beherbergen sie mehr als die Hälfte aller bekannten Pflanzen- und Tierarten weltweit.

Ein faszinierendes Merkmal der Regenwälder ist ihre komplexe ökologische Interaktion. Viele Pflanzen und Tiere haben einzigartige Anpassungen entwickelt, um in diesem dichten und feuchten Umfeld zu überleben. Epiphyten wie Orchideen und Bromelien wachsen auf Baumstämmen und nutzen sie als Lebensraum und Nährstoffquelle, ohne dem Baum zu schaden. Bestäuber wie Kolibris und Fledermäuse spielen eine entscheidende Rolle bei der Fortpflanzung vieler Pflanzenarten, während Raubkatzen und Schlangen an der Spitze der Nahrungskette stehen und das Gleichgewicht im Ökosystem erhalten.

Darüber hinaus bieten Regenwälder viele direkte Vorteile für den Menschen, von der Bereitstellung von Lebensmitteln, Medizin und Rohstoffen bis hin zur Stabilisierung des Klimas und des Wasserkreislaufs. Trotz ihrer Bedeutung sind viele dieser kostbaren Ökosysteme durch Abholzung, illegale Jagd und den Klimawandel bedroht. Ihr Schutz ist von entscheidender Bedeutung, um die weltweite Biodiversität zu erhalten und die ökologischen »Dienstleistungen« zu sichern.

MEISTER DER TARNUNG

Der Überlebenskampf in der Natur hat viele Gesichter. Manche Tiere setzen auf Stärke und Schnelligkeit, andere auf Gift oder Tarnung. Doch einige haben eine ganz besondere Strategie entwickelt: die Mimikry. Sie ahmen das Aussehen anderer Lebewesen nach, um Fressfeinde zu täuschen, Beute anzulocken oder sich selbst zu tarnen. Blicken Sie auf den Blattschwanzgecko, der meisterhaft als Blatt getarnt durch den Dschungel gleitet. Seine Körperform und Färbung sind so perfekt an seine Umgebung angepasst, dass er für Fressfeinde praktisch unsichtbar wird.

Ein anderes faszinierendes Beispiel ist die Korallenmimikry, bei der harmlose Fische die Farben und Formen von giftigen Korallen imitieren, um Fressfeinde abzuschrecken. Wissenschaftlich unterscheidet man unter anderem die »Bates'sche Mimikry«, bei der eine essbare, harmlose Art das Warnsignal einer ungenießbaren Art nachahmt, um Fressfeinde abzuschrecken. Eng verwandt damit ist die »Müller'sche Mimikry«, bei der mehrere ungenießbare Arten dasselbe Warnmuster teilen, sodass Raubtiere nur eine Art lernen müssen, um alle zu meiden.

Doch Mimikry geht noch weiter. Manche Tiere ahmen sogar das Verhalten anderer Lebewesen nach. So imitiert die Gottesanbeterin die Bewegungen eines Blütenblattes, um ahnungslose Insekten anzulocken. Und die Larven der Schwebfliegen tarnen sich als Ameisen, um von deren Schutz zu profitieren. Bemerkenswerterweise nutzen einige Insekten die sogenannte »Disruptive Färbung«, bei der stark kontrastierende Muster die Körperkontur auflösen, um selbst bei Bewegung unsichtbar zu bleiben. Die Vielfalt der Mimikry-Strategien ist schier unglaublich und zeigt die Anpassungsfähigkeit der Natur. Diese Meister der Tarnung sind lebende Beweise dafür, wie raffiniert und faszinierend die Evolution sein kann.

MYSTERIÖSE ZWILLINGSMAGIE

Seit Jahrhunderten faszinieren Zwillinge die Menschheit mit ihren oft verblüffenden Gemeinsamkeiten und der scheinbar unbändigen Verbindung, die sie teilen. Geschichten von telepathischen Fähigkeiten und unerklärlichen Phänomenen ranken sich seit jeher durch Erzählungen und Legenden.

Viele Zwillinge berichten von außergewöhnlichen Erlebnissen, bei denen sie die Gedanken oder Gefühle des anderen »spüren« konnten, ohne Worte zu wechseln. Manche beschreiben es als eine Art »sechsten Sinn«, der ihnen erlaubt, die Emotionen und Intentionen ihres Zwillingsbruders oder ihrer Zwillingsschwester auf einer tiefen Ebene zu verstehen.

Obwohl diese Berichte faszinierend und mitunter verblüffend sind, konnte die Wissenschaft bislang keine eindeutigen Beweise für die Existenz von Telepathie zwischen Zwillingen finden. Biologisch gesehen wird die Intensität der Ähnlichkeit durch die Art der Schwangerschaft bestimmt, da nur eineiige, »monozygote« Zwillinge nahezu hundert Prozent des genetischen Materials teilen.

Die tiefe Verbindung zwischen Zwillingen lässt sich jedoch auch ohne Telepathie erklären. Zwillinge entwickeln oft eine außergewöhnliche Fähigkeit, die nonverbalen Signale des anderen zu lesen. Sie verstehen Mimik, Gestik und Tonfall auf einer intuitiven Ebene und können so Emotionen besser wahrnehmen als Außenstehende.

Zwillinge teilen von Geburt an eine einzigartige Lebensgeschichte mit unzähligen gemeinsamen Erfahrungen und Erinnerungen. Diese enge Bindung und die tiefe Vertrautheit miteinander können zu einem Gefühl der tiefen Verbundenheit führen, das die Grenzen des Rationalen zu überschreiten scheint.

UNERKLÄRTE ERLEBNISSE

Als faszinierende Phänomene ziehen Déjà-vu und Nahtoderfahrungen Wissenschaftler und Laien gleichermaßen in ihren Bann. Das Gefühl, ein Ereignis oder eine Situation bereits erlebt zu haben, bezeichnet man als Déjà-vu. Forscher vermuten, dass es durch eine Fehlfunktion im Gehirn entsteht, bei der aktuelle Erlebnisse fälschlicherweise als Erinnerungen interpretiert werden. Dabei spielen möglicherweise auch Abweichungen in der neuronalen Verarbeitung von Informationen eine Rolle.

Interessanterweise ist das Déjà-vu-Erlebnis keineswegs selten, da schätzungsweise zwei Drittel aller gesunden Menschen es mindestens einmal im Leben erfahren, was auf eine gängige neuronale »Fehlzündung« hindeutet. Neurologisch gesehen ist Déjà-vu besonders eng mit dem Temporallappen verbunden, weshalb es bei Patienten mit Temporallappen-Epilepsie häufig als Vorzeichen (Aura) eines Anfalls auftritt.

Nahtoderfahrungen sind ebenso rätselhaft und oft mit intensiven, lebhaften Erlebnissen verbunden, die während lebensbedrohlicher Situationen auftreten. Menschen berichten von Tunnelerfahrungen, Lichtblicken und sogar Begegnungen mit Verstorbenen. Wissenschaftliche Erklärungsansätze umfassen physiologische und psychologische Reaktionen des Gehirns auf extremen Stress, Sauerstoffmangel und chemische Veränderungen, die solche Erlebnisse hervorrufen können.

Beide Phänomene zeigen eindrucksvoll, wie komplex und geheimnisvoll das menschliche Gehirn und seine Funktionen sind. Obwohl noch viele Fragen offen sind, bieten Déjà-vu und Nahtoderfahrungen einen faszinierenden Einblick in das Zusammenspiel von Bewusstsein, Wahrnehmung und Erinnerung.

ANPASSUNG AN HÖHE

Eine bemerkenswerte Demonstration der Anpassungsfähigkeit des menschlichen Körpers ist die genetische Anpassung der Menschen in Tibet an extreme Höhen. Tibet liegt auf einer Höhe von über viertausend Metern, wo der Sauerstoffgehalt der Luft nur etwa sechzig Prozent des Meeresspiegels beträgt. Während Menschen aus niedrigeren Regionen in solchen Höhen schnell unter Höhenkrankheit leiden, haben die Tibeter genetische Anpassungen entwickelt, die ihnen helfen, in dieser Umgebung zu überleben und zu gedeihen.

Forscher haben herausgefunden, dass Tibeter eine einzigartige Variation im EPASone-Gen aufweisen, das eine Rolle in der Regulierung der Produktion von roten Blutkörperchen spielt. Diese Genvariante verhindert eine übermäßige Produktion dieser Zellen, was zu einer geringeren Viskosität des Blutes führt und die Gefahr von Blutgerinnseln und anderen gesundheitlichen Problemen verringert. Darüber hinaus haben Tibeter auch höhere Stickstoffmonoxid-Werte im Blut, die eine bessere Sauerstoffverteilung im Körper ermöglichen.

Faszinierend ist die Annahme, dass diese einzigartige EPASone-Genvariante durch die Vermischung archaischer und moderner Menschen vererbt wurde und möglicherweise von den ausgestorbenen »Denisova-Menschen« stammt.

Diese genetischen Anpassungen sind ein Ergebnis der natürlichen Selektion und zeigen, wie Menschen über viele Generationen hinweg auf extreme Umweltbedingungen reagieren können. Die Fähigkeit der Tibeter, auf natürliche Weise die Herausforderungen der Höhenlage zu meistern, bietet einen faszinierenden Einblick in die komplexen Mechanismen der Evolution und Anpassung des menschlichen Körpers.

BEWEGLICHE PFLANZEN

Die Welt der Botanik birgt einige bemerkenswerte Überraschungen, darunter Pflanzen, die sich aktiv bewegen können. Ein beeindruckendes Beispiel ist die Mimose, auch bekannt als »Schamhafte Sinnpflanze« (Mimosa pudica). Diese Pflanze hat die erstaunliche Fähigkeit, ihre Blätter bei Berührung zusammenzufalten. Dies geschieht durch einen schnellen Wasserverlust in den Zellen der Blattstiele, was dazu führt, dass die Blätter nach unten klappen und sich schließen.

Diese Bewegung dient als Verteidigungsmechanismus gegen Fressfeinde. Bei Berührung oder Erschütterung falten sich die Blätter zusammen und lassen die Pflanze weniger attraktiv und schmackhaft erscheinen. Innerhalb von etwa zehn bis zwanzig Minuten, nachdem die Gefahr vorüber ist, richten sich die Blätter wieder auf und nehmen ihre ursprüngliche Position ein. Diese beeindruckende Bewegung der Mimose ist wissenschaftlich als »Thigmonastie« bekannt und wird durch ein elektrisches Signal ausgelöst, das vergleichbar mit einem Nervenimpuls bei Tieren über das Blatt wandert.

Die Mimose ist nicht die einzige Pflanze, die sich bewegt. Auch die Venusfliegenfalle (Dionaea muscipula) gehört zu den beweglichen Pflanzen. Sie fängt ihre Beute, indem sie ihre Blätter zuschnappen lässt, wenn Insekten die empfindlichen Haare auf ihrer Oberfläche berühren. Um falsche Alarme zu vermeiden, schließt die Venusfliegenfalle ihre Falle nur dann, wenn in-nerhalb von etwa zwanzig Sekunden mindestens zwei der feinen Sinneshaare in ihrem Inneren berührt werden.

Diese Beispiele zeigen, dass Pflanzen viel dynamischer und reaktionsfähiger sind, als man auf den ersten Blick vermuten würde, und sie demonstrieren eindrucksvoll, wie sich die Natur an ihre Umgebung anpassen kann.

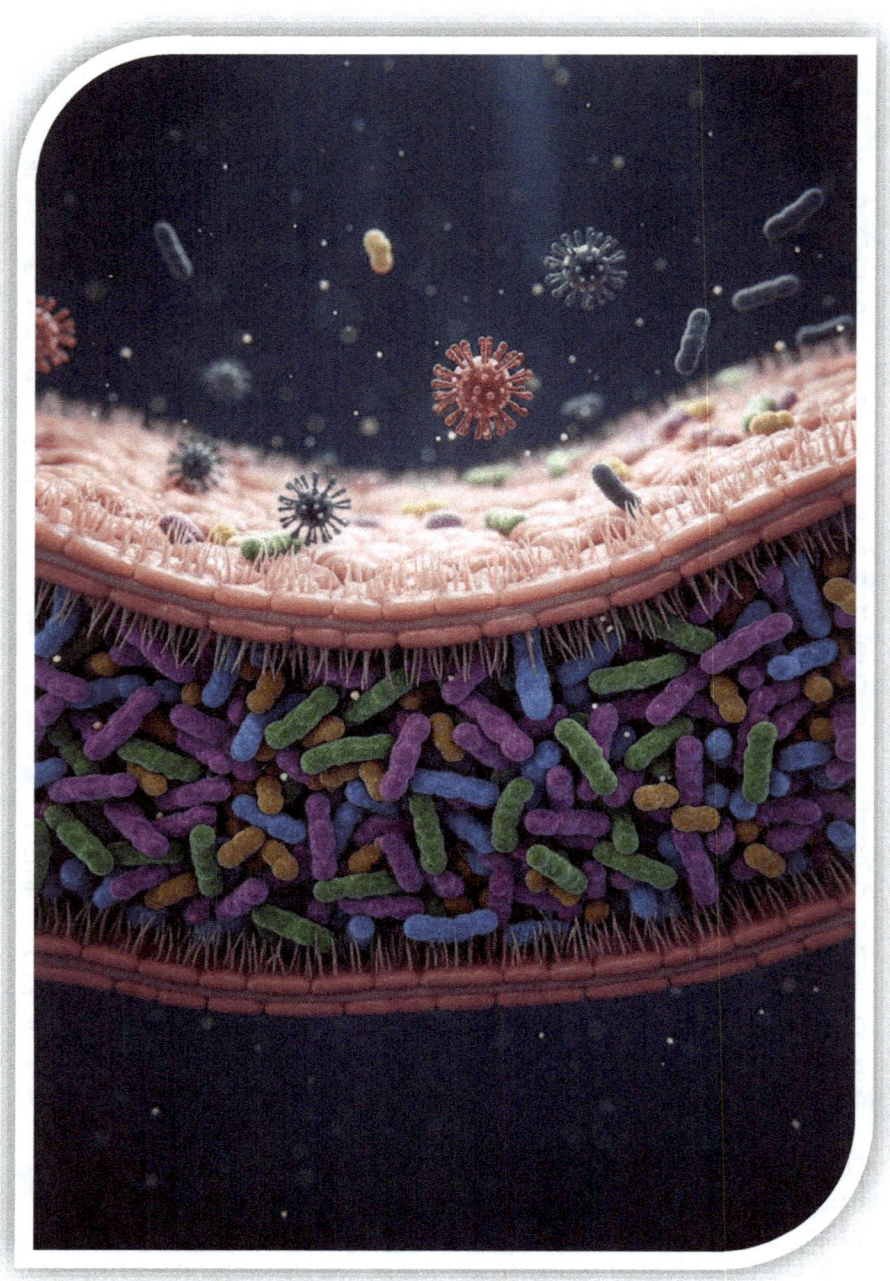

BAKTERIELLE BALANCE

Mikroorganismen spielen eine entscheidende Rolle im menschlichen Körper, wobei sie sowohl nützliche als auch schädliche Effekte haben können. Nützliche Mikroben, wie bestimmte Bakterien in unserem Darm, helfen bei der Verdauung, produzieren Vitamine und schützen vor schädlichen Erregern. Beispielsweise fördern Lactobacillus und Bifidobacterium die Gesundheit des Verdauungs-Systems, indem sie den pH-Wert regulieren und krankheitserregende Mikroben abwehren. Diese Symbiose ist essenziell für Ihre Gesundheit, da sie das Immunsystem stärkt und die Aufnahme von Nährstoffen verbessert.

Wussten Sie, dass die Anzahl der mikrobiellen Zellen im menschlichen Körper nahezu der Anzahl der menschlichen Zellen entspricht und ihr kollektives Erbgut Hunderte Male größer ist als unser eigenes menschliches Genom? Auf der anderen Seite gibt es schädliche Mikroben, die Krankheiten verursachen können. Pathogene Bakterien wie Escherichia coli und Staphylococcus aureus können Infektionen hervorrufen, die von leicht bis lebensbedrohlich reichen. Viren wie das Influenzavirus und das Norovirus sind ebenfalls Mikroben, die Krankheiten verursachen und sich schnell im Körper vermehren können. Diese schädlichen Mikroben können durch Kontakt, Nahrung oder die Umwelt übertragen werden und stellen eine ständige Bedrohung dar.

Die Balance zwischen nützlichen und schädlichen Mikroben ist entscheidend für Ihr Wohlbefinden. Ein gesundes Mikrobiom, das aus einer vielfältigen Gemeinschaft von Mikroben besteht, kann schädliche Organismen in Schach halten. Störungen in diesem Gleichgewicht, etwa durch eine ungesunde Ernährung, übermäßige Antibiotika-Einnahme oder Stress, können jedoch zu einer Überwucherung schädlicher Mikroben und damit zu gesundheitlichen Problemen führen.

REKORDHALTER BAMBUS

Seine erstaunliche Fähigkeit, unglaublich schnell zu wachsen, macht Bambus weltbekannt. Einige Bambusarten können unter optimalen Bedingungen bis zu 90 Zentimeter pro Tag wachsen. Dieses beeindruckende Wachstum ist das schnellste unter den Pflanzen und lässt Bambus in kürzester Zeit meterhoch in den Himmel schießen. Die hohe Wachstumsgeschwindigkeit des Bambus ist auf seine besondere Zellstruktur und den effizienten Wasser- und Nährstofftransport zurückzuführen. Diese Eigenschaften ermöglichen es dem Bambus, in vielen Teilen der Welt, insbesondere in Asien, zu gedeihen und eine bedeutende Rolle in der Kultur und Wirtschaft zu spielen.

Bambusarten, die zu dieser erstaunlichen Wachstumsrate fähig sind, gehören zur Familie der Gräser und haben hohle, segmentierte Stängel, die ihnen eine enorme Stabilität und Flexibilität verleihen. Entscheidend für diese Rasanz ist, dass die Bambussprosse im Gegensatz zu Bäumen alle ihre Knoten und Segmente bereits vollständig enthalten und diese sich nur noch explosionsartig strecken müssen, um die endgültige Höhe zu erreichen. Der schnelle Wachstumsschub erfolgt typischerweise in der Regenzeit, wenn die Pflanzen reichlich Wasser und Nährstoffe aufnehmen können. Diese außergewöhnliche Wachstumsrate hat den Bambus zu einer wichtigen Ressource für nachhaltige Materialien gemacht, da er in kurzer Zeit große Mengen an Biomasse produziert.

Dieses Phänomen zeigt die beeindruckenden Fähigkeiten, die Pflanzen entwickeln können, um in ihrer Umgebung zu überleben und zu gedeihen. Bambus mit seiner rasanten Wachstumsrate ist ein beeindruckendes Beispiel dafür, wie die Natur extreme Anpassungen und Fähigkeiten hervorbringt. Solche »Rekordhalter« sind nicht nur faszinierend, sondern auch von großem wissenschaftlichem und praktischem Interesse.

TRÄUMEN UND SCHLAF

Als faszinierende Phänomene ziehen Träume und Schlaf Wissenschaftler und Laien gleichermaßen in ihren Bann. Träume treten vor allem während der REM-Phase (Rapid Eye Movement) des Schlafs auf, einer Phase, in der das Gehirn besonders aktiv ist und unsere Augen sich schnell bewegen. Träume spielen eine wichtige Rolle bei der Verarbeitung von Emotionen, Erinnerungen und Stress. Interessanterweise vergessen wir etwa fünfundneunzig Prozent unserer Träume, sobald wir aufwachen, was die Erforschung dieser nächtlichen Erlebnisse erschwert.

Die Wissenschaft hat herausgefunden, dass die durchschnittliche Person jede Nacht etwa zwei Stunden träumt, was in einem Leben sechs Jahren entspricht. Träume können äußerst lebhaft sein und manchmal so real erscheinen, dass sie Sie noch lange nach dem Erwachen beschäftigen. Manche Menschen erleben luzide Träume, bei denen sie sich im Traum bewusst sind und die Fähigkeit haben, diesen aktiv zu steuern. Dieser Zustand bietet spannende Möglichkeiten zur Erforschung des menschlichen Bewusstseins. Ein faszinierender Schutzmechanismus ist die sogenannte »REM-Atonie«, eine temporäre Lähmung der willkürlichen Muskulatur, die verhindert, dass Sie Ihre Träume physisch ausagieren.

Schlaf selbst ist für das körperliche und geistige Wohlbefinden unverzichtbar. Während Sie schlafen, durchläuft Ihr Körper verschiedene Schlafzyklen, die jeweils etwa neunzig Minuten dauern.

In diesen Zyklen wechseln sich Phasen des leichten und tiefen Schlafs sowie der REM-Schlaf ab. Tiefschlaf ist besonders wichtig für die körperliche Erholung und das Immunsystem, während REM-Schlaf für die geistige Gesundheit und die Verarbeitung von Informationen entscheidend ist.

LEBEN IN EXTREMZONEN

Extreme Umweltbedingungen charakterisieren Extremstandorte, in denen nur speziell angepasste Lebewesen überleben können. Diese Bedingungen können sehr hohe Temperaturen, hohe Salzkonzentrationen, extreme Trockenheit oder Druckverhältnisse umfassen. Eines der bekanntesten Beispiele sind die Hydrothermalquellen in der Tiefsee, wo extremophile Bakterien und Archaeen unter hohen Temperaturen und Drücken gedeihen. Diese Mikroorganismen nutzen die Chemosynthese, um Energie aus chemischen Verbindungen zu gewinnen, anstatt auf Sonnenlicht angewiesen zu sein.

In den eisigen Regionen der Antarktis finden sich ebenfalls faszinierende Lebewesen. Die Mikroorganismen, die in den Seen unter dem Eis leben, sind in der Lage, bei Temperaturen unter dem Gefrierpunkt zu überleben. Diese extremophilen Organismen haben spezielle Anpassungen entwickelt, um die Eiskristallbildung in ihren Zellen zu verhindern und ihre biochemischen Prozesse trotz der Kälte aufrechtzuerhalten.

Ein weiteres beeindruckendes Beispiel sind die Salzseen, wie das Tote Meer oder die Salzpfannen in Afrika, in denen Halobakterien und andere extremophile Mikroorganismen leben. Diese Organismen haben Mechanismen entwickelt, um hohe Salzkonzentrationen zu tolerieren und sogar zu nutzen. Ihre Zellmembranen und Proteine sind speziell angepasst, um in den hypertonischen Bedingungen funktionsfähig zu bleiben. Als der widerstandsfähigste Organismus der Welt gilt das Bakterium »Deinococcus radiodurans«, das extrem hohe Strahlendosen überleben kann und damit die Grenzen der Lebensfähigkeit neu definiert. Diese Beispiele zeigen die unglaubliche Vielfalt und Anpassungsfähigkeit des Lebens selbst unter den extremsten Bedingungen, welche die Biosphäre besiedeln können.

PARANORMALE TIERFÄHIGKEITEN

Seit Jahrhunderten beflügeln Tiere mit angeblich übernatürlichen Fähigkeiten die menschliche Fantasie. Besonders faszinierend sind Hunde, denen oft Hellseherei nachgesagt wird. Geschichten von Hunden, die bevorstehende Erdbeben oder das baldige Heimkommen ihrer Besitzer voraussehen, sind weit verbreitet. Manche behaupten sogar, dass Hunde in der Lage sind, Krankheiten zu erspüren, bevor medizinische Tests diese nachweisen können. Diese Phänomene werden häufig durch die außergewöhnlich scharfen Sinne der Tiere erklärt, die weit über das hinausgehen, was Sie wahrnehmen können. Wissenschaftlich belegt ist, dass Hunde Krebszellen und andere Krankheiten tatsächlich durch den Geruch erkennen können, da Tumore spezifische flüchtige organische Verbindungen (VOCs) freisetzen, die mit menschlichen Sinnen nicht wahrnehmbar sind.

Katzen wird oft eine mystische Aura zugesprochen, und viele glauben, dass sie Geister sehen oder spüren können. Es gibt Berichte von Katzen, die auf einmal in eine Ecke starren oder ihre Aufmerksamkeit auf einen leeren Raum richten, als ob sie etwas Unsichtbares beobachten würden. In einigen Kulturen werden Katzen sogar als »Schutzgeister« angesehen, die das Haus vor bösen Energien bewahren. Wissenschaftler erklären dieses Verhalten meist mit den extrem empfindlichen Sinnen der Katzen, insbesondere ihrem Gehör und ihrer Fähigkeit, subtile Bewegungen zu erkennen.

Auch Vögel wie Raben und Krähen haben in Mythen und Legenden einen festen Platz als Überbringer von Botschaften aus dem Jenseits oder als Vorboten von Veränderungen. Ihre Intelligenz und ihre komplexen sozialen Strukturen tragen zu ihrem geheimnisvollen Ruf bei. In vielen Kulturen gelten sie als kluge und weise Tiere, die Zugang zu Wissen und Wahrnehmungen haben, die für Menschen verborgen bleiben.

EINZIGARTIGE FORTPFLANZUNG

Seepferdchen gelten als eines der faszinierendsten Beispiele für ungewöhnliche Fortpflanzungsorgane im Tierreich. Bei diesen einzigartigen Fischen trägt nicht das Weibchen, sondern das Männchen die Verantwortung für das Austragen der Eier. Das Weibchen legt die Eier in eine spezielle Brutkammer am Bauch des Männchens, die wie eine Beuteltasche funktioniert. Dort befruchtet das Männchen die Eier und trägt sie, bis sie schlüpfen. Dieser außergewöhnliche Fortpflanzungsprozess ist nicht nur selten, sondern auch ein eindrucksvolles Beispiel für die Vielfalt der Natur.

Ein weiteres Tier mit bemerkenswerten Fortpflanzungs-Organen ist die Hyäne. Weibliche Tüpfelhyänen besitzen einen Pseudopenis, der äußerlich wie das männliche Geschlechtsorgan aussieht. Dieses ungewöhnliche Organ dient sowohl der Fortpflanzung als auch dem Gebären. Die Geburt durch dieses enge und komplizierte Organ ist riskant und führt oft zu hohen Sterblichkeitsraten bei den Neugeborenen und sogar bei den Müttern. Trotz dieser Schwierigkeiten haben Tüpfelhyänen im Laufe der Evolution diese besondere Eigenschaft beibehalten, was auf ihren sozialen und hierarchischen Strukturen basiert.

Ein weiteres faszinierendes Beispiel sind die Gonopoden von männlichen Garnelen und Krebsen. Diese spezialisierten Fortpflanzungsorgane sind modifizierte Beine, die dazu dienen, Spermienpakete zu den Weibchen zu übertragen.

Die Gonopoden sind an die spezifischen Bedürfnisse der jeweiligen Art angepasst und zeigen die unglaubliche Anpassungsfähigkeit der Natur. Ein extrem ungewöhnlicher Paarungskampf findet bei manchen Plattwürmern statt, die als Hermaphroditen mit zwei Penissen darum kämpfen, wer die Rolle des Spermien-Überträgers und wer die des Eier-Empfängers übernehmen muss.

ÜBERRASCHENDE ERDNUSS

Obwohl uns die Erdnuss in vielen Snacks und Gerichten so vertraut ist, birgt sie ein überraschendes Geheimnis: Sie ist keine echte Nuss. Stattdessen gehört sie zur Familie der Hülsenfrüchte, was sie in eine Verwandtschaft mit Bohnen, Linsen und Erbsen bringt. Botanisch betrachtet entwickelt sich die Erdnuss in einer speziellen Art von Schote, die sie mit anderen Hülsenfrüchten teilt.

Diese besondere Klassifikation erklärt auch einige ihrer einzigartigen Eigenschaften. Während Nüsse wie Mandeln und Walnüsse an Bäumen wachsen, gedeiht die Erdnuss in der Erde. Die Blüten der Erdnusspflanze bestäuben sich selbst und senden dann nach der Befruchtung einen Trieb in den Boden, wo die Erdnüsse heranreifen. Dieser einzigartige Prozess der unterirdischen Fruchtreifung besitzt in der Botanik einen eigenen Namen: »Geokarpie«, was wörtlich »erdfrüchtige« Entwicklung bedeutet.

Dieser faszinierende Wachstumsprozess unterscheidet sie stark von echten Nüssen, die alle oberirdisch an den Bäumen wachsen. Die Zugehörigkeit zu den Hülsenfrüchten erklärt auch den hohen Proteingehalt der Erdnuss, der sie besonders wertvoll in Ihrer Ernährung macht. Jährlich werden weltweit über vierzig Millionen Tonnen Erdnüsse geerntet, was ihre globale Bedeutung sowohl in der Ernährung als auch in der Industrie unterstreicht.

Die Erdnuss ist zwar sehr nahrhaft, doch bei unsachgemäßer Lagerung besteht die Gefahr einer Kontamination mit »Aflatoxinen«, den giftigen Stoffwechselprodukten des Pilzes Aspergillus flavus.

Ihre Einzigartigkeit und Vielseitigkeit machen sie zu einem faszinierenden Thema, das weit über die einfache Vorstellung einer Nuss hinausgeht.

KOOPERATIVE TIERE

Als faszinierende Kreaturen leben Ameisen in komplexen Kolonien und kooperieren auf beeindruckende Weise. Jede Ameisenkolonie besteht aus Tausenden Individuen, die in verschiedenen Rollen zusammenarbeiten, um das Überleben und den Erfolg ihrer Gemeinschaft zu sichern. Es gibt Arbeiterinnen, die Nahrung sammeln, das Nest verteidigen und die Brut pflegen, sowie eine Königin, deren einzige Aufgabe es ist, Eier zu legen und so für den Fortbestand der Kolonie zu sorgen.

Die Kommunikation innerhalb der Kolonie erfolgt hauptsächlich durch Pheromone, chemische Signale, die Ameisen nutzen, um Informationen über Nahrung, Gefahren und andere wichtige Aspekte ihres Lebens zu übermitteln. Wenn eine Ameise eine Nahrungsquelle entdeckt, hinterlässt sie eine Pheromonspur, der die anderen Ameisen folgen können, um ebenfalls zur Quelle zu gelangen. Diese effiziente Art der Zusammenarbeit ermöglicht es Ameisen, selbst große Beutestücke gemeinsam zu transportieren und komplexe Aufgaben zu bewältigen.

Obwohl die Wissenschaft bereits über 12.000 Ameisenarten beschrieben hat, vermuten Forscher, dass die tatsächlich existierende Artenvielfalt noch um viele Tausende unentdeckte Spezies größer ist. Ökologen schätzen, dass die kollektive Biomasse aller Ameisen auf der Welt etwa der kollektiven Biomasse aller Menschen entspricht, was ihre enorme ökologische Bedeutung unterstreicht.

Nicht nur Ameisen, sondern auch andere Tiere wie Honigbienen, Termiten und bestimmte Arten von Fischen und Vögeln zeigen ähnliche kooperative Verhaltensweisen in ihren Kolonien oder Schwärmen. Diese sozialen Strukturen sind ein erstaunliches Beispiel dafür, wie Tiere durch Zusammenarbeit und Arbeitsteilung erfolgreich überleben und sich an ihre Umgebung anpassen können.

GENETISCHE VIELFALT

Als Grundlage für die Vielfalt an körperlichen Unterschieden dienen genetische Variationen in der Natur. Jede Zelle in Ihrem Körper enthält DNA, die in Genen organisiert ist. Diese Gene bestimmen eine Vielzahl von Merkmalen, von der Augenfarbe bis zur Blutgruppe. Genetische Variationen entstehen durch Mutationen, Rekombinationen und andere genetische Prozesse, die zu Veränderungen in der DNA-Sequenz führen. Obwohl alle Menschen genetisch gesehen eine Übereinstimmung von über 99,9 Prozent der DNA teilen, verursachen die restlichen Variationen Millionen von Einzelnukleotid-Polymorphismen, die für die gesamte beobachtbare Vielfalt verantwortlich sind.

Ein bekanntes Beispiel für genetische Variationen ist die unterschiedliche Hautfarbe von Menschen. Das Gen MCeinsR beeinflusst die Produktion von Melanin, dem Pigment, das unsere Hautfarbe bestimmt. Mutationen in diesem Gen können zu einer erhöhten oder verringerten Melaninproduktion führen, was wiederum verschiedene Hautfarben zur Folge hat. Ebenso beeinflussen Variationen in Genen wie OCAzwei und HERCzwei die Augenfarbe, wobei bestimmte Varianten dieser Gene blaue, grüne oder braune Augen hervorbringen können.

Genetische Variationen sind nicht nur für ästhetische Merkmale verantwortlich, sondern auch für Anpassungen an verschiedene Umweltbedingungen. Eine andere interessante Anpassung ist die Laktosetoleranz. Während viele Erwachsene weltweit eine Laktoseintoleranz entwickeln, gibt es Populationen in Europa und Afrika, bei denen genetische Variationen das Gen LCT beeinflussen, sodass sie auch im Erwachsenenalter Milchzucker verdauen können. Diese Anpassungen zeigen, wie genetische Variationen eine entscheidende Rolle in der Evolution und im Überleben von Arten spielen können.

GIGANTISCHER SAMEN

Die Seychellenpalme, auch bekannt als »Coco de Mer«, produziert den größten Samen der Welt. Dieser gigantische Samen kann beeindruckende 30 Zentimeter Länge erreichen und bis zu 2 Kilogramm wiegen. Die Seychellenpalme ist nicht nur wegen ihrer enormen Samen bekannt, sondern auch wegen ihrer einzigartigen Wuchsform und ihrer faszinierenden Lebensweise. Diese Palmenart ist ausschließlich auf den Seychellen-Inseln zu finden, was sie zu einer echten botanischen Rarität macht.

Der Samen der Seychellenpalme ist nicht nur groß, sondern auch äußerst widerstandsfähig. Er kann monatelang im Meer treiben, bevor er auf einer Küste landet und zu einer neuen Palme heranwächst. Wussten Sie, dass der Reifeprozess der Coco de Mer an der Palme sieben Jahre dauern kann, und der Keimprozess des Samens selbst bis zu zwei Jahre benötigt? Eine weitere biologische Besonderheit der Art ist ihre »Zweihäusigkeit« oder Dioezie, das heißt, dass jede Palme entweder ausschließlich männliche oder ausschließlich weibliche Blüten trägt. Diese Fähigkeit zur Langstreckenausbreitung hat es der Seychellenpalme ermöglicht, trotz ihrer begrenzten Verbreitung über Jahrhunderte hinweg zu überleben. Die außergewöhnliche Größe und Form des Samens haben ihm auch den Spitznamen »Meer-Kokosnuss« eingebracht.

Die Seychellenpalme und ihr gigantischer Samen sind ein faszinierendes Beispiel für die Wunder der Pflanzenwelt.

Sie zeigen, wie Pflanzen sich an ihre Umgebung anpassen und überleben können, selbst wenn sie nur auf wenigen Inseln heimisch sind. Die einzigartigen Eigenschaften dieses Samens und seine Rolle im Ökosystem der Seychellen machen die Seychellenpalme zu einem besonders interessanten Studienobjekt für Botaniker und Naturfreunde.

BIOINSPIRIERTES BAUEN

Als winzige Insekten haben die Termiten beeindruckende architektonische Fähigkeiten entwickelt, die moderne Ingenieure inspirieren. Ihre Hügel, oft als wahre »Wunderwerke der Natur« bezeichnet, verfügen über ausgeklügelte Belüftungssysteme, die das Innere des Hügels konstant temperiert halten. Diese natürliche Klimaanlage funktioniert durch ein Netzwerk von Kanälen und Kammern, die den Luftstrom regulieren und die Wärme effektiv abführen. Ingenieure und Architekten haben diese Techniken aufgegriffen, um Gebäude zu entwerfen, die ohne energieintensive Klimaanlagen auskommen. Wichtig für diesen Wärmeaustausch ist der Kamineffekt, bei dem die Sonne die Oberfläche des Hügels erhitzt und die warme, »verbrauchte« Luft nach oben abzieht, während kühle Luft aus tieferen Erdschichten nachströmt.

Ein prominentes Beispiel ist das Eastgate Centre in Harare, Simbabwe. Dieses Büro- und Einkaufszentrum nutzt ein Belüftungssystem, das die Prinzipien der Termitenhügel nachahmt. Die Struktur erlaubt es, die Innenräume durch natürliche Luftzirkulation zu kühlen und zu heizen, was zu erheblichen Energieeinsparungen führt. Solche bioinspirierten Designs sind nicht nur umweltfreundlich, sondern bieten auch innovative Lösungen für nachhaltiges Bauen.

Die Anpassung dieser natürlichen Techniken in die moderne Architektur zeigt, wie die Natur als Vorbild für technologische Fortschritte dienen kann. Diese bioinspirierten Belüftungssysteme könnten in Zukunft helfen, den Energieverbrauch von Gebäuden weltweit zu reduzieren und ein angenehmes Raumklima zu schaffen, ganz ohne den Einsatz konventioneller Klimaanlagen. Die Weisheit der Termiten, in ihren erstaunlichen Bauwerken umgesetzt, ebnet den Weg für eine nachhaltigere und effizientere Architektur.

DER SCHWARZE TOD

Als der Schwarze Tod bekannt, ist die Pest eine der verheerendsten Epidemien in der Geschichte der Menschheit. Im vierzehnten Jahrhundert fegte sie durch Europa und tötete schätzungsweise ein Drittel der Bevölkerung. Die Pest wurde durch das Bakterium Yersinia pestis verursacht, das hauptsächlich durch Rattenflöhe übertragen wurde. Diese Krankheit brachte nicht nur unermessliches Leid über die betroffenen Menschen, sondern führte auch zu tiefgreifenden gesellschaftlichen und wirtschaftlichen Veränderungen.

Obwohl die am weitesten verbreitete Form die »Beulenpest« (Bubonenpest) war, wurde die noch tödlichere Lungenpest direkt durch die Atmung übertragen und führte zu einer besonders schnellen Ausbreitung der Krankheit. Die Städte, in denen die Pest wütete, wurden oft vollständig entvölkert, und die Überlebenden sahen sich mit dem Zusammenbruch von Handel und Landwirtschaft konfrontiert. Angesichts der Hilflosigkeit gegenüber der Krankheit wandten sich viele Menschen Aberglauben und religiösem Eifer zu, was zu Hexenverfolgungen und antisemitischen Pogromen führte. Ärzte und Wissenschaftler der damaligen Zeit standen vor einem Rätsel, da sie die Ursachen der Krankheit nicht kannten und nur wenige wirksame Behandlungsmethoden zur Verfügung hatten.

In der modernen Zeit ist die Pest dank der Fortschritte in der Medizin und Hygiene weitgehend unter Kontrolle. Antibiotika wie Streptomycin und Tetracyclin können die Infektion wirksam bekämpfen, und öffentliche Gesundheitsmaßnahmen haben die Ausbreitung der Krankheit eingedämmt. Die Geschichte der Pest lehrt uns die Bedeutung von Wissenschaft und Zusammenarbeit im Kampf gegen Epidemien und erinnert uns daran, wie tiefgreifend solche Krankheiten die Gesellschaft beeinflussen können.

BIOLOGISCHE WUNDERWESEN

Einhörner sind faszinierende Kreaturen, die in Mythen und Legenden eine zentrale Rolle spielen. Diese majestätischen Pferde mit einem einzelnen, spiralförmigen Horn auf der Stirn symbolisieren Reinheit und Gnade. In mittelalterlichen Geschichten wurden Einhörner oft als wilde Tiere dargestellt, die nur von Jungfrauen gezähmt werden konnten. Es hieß, dass ihr Horn magische Kräfte besaß und Krankheiten heilen oder vergiftetes Wasser reinigen konnte.

Als eine mögliche biologische Inspirationsquelle für das Einhornhorn gilt der Stoßzahn des arktischen »Narwals«, eines Wals, dessen spiralförmiger Zahn aus dem Kopf ragt und früher von Seefahrern teuer verkauft wurde.

Neben Einhörnern gibt es viele andere wunderbare Wesen, die unsere Vorstellungskraft beflügeln. Der Phönix, ein mythischer Vogel, der aus seiner eigenen Asche wiederaufersteht, steht für Unsterblichkeit und Erneuerung. In der griechischen Mythologie gibt es den Minotaurus, ein Wesen mit dem Körper eines Mannes und dem Kopf eines Stiers, das im Labyrinth von Kreta lebte. Solche Geschichten wurden oft genutzt, um komplexe Konzepte wie Leben, Tod und Wiedergeburt zu erklären oder um moralische Lehren zu vermitteln.

Drachen sind weitere legendäre Kreaturen, die in vielen Kulturen auf der ganzen Welt vorkommen. In der westlichen Mythologie werden Drachen oft als böse und zerstörerische Monster dargestellt, die Helden überwinden müssen. In der östlichen Mythologie hingegen, besonders in China, gelten Drachen als weise und mächtige Wesen, die Glück und Wohlstand bringen. Diese »biologischen Wunderwesen«, ob real oder fiktiv, haben die Menschen immer inspiriert, und die Geschichten über sie haben Generationen von Zuhörern und Lesern fasziniert.

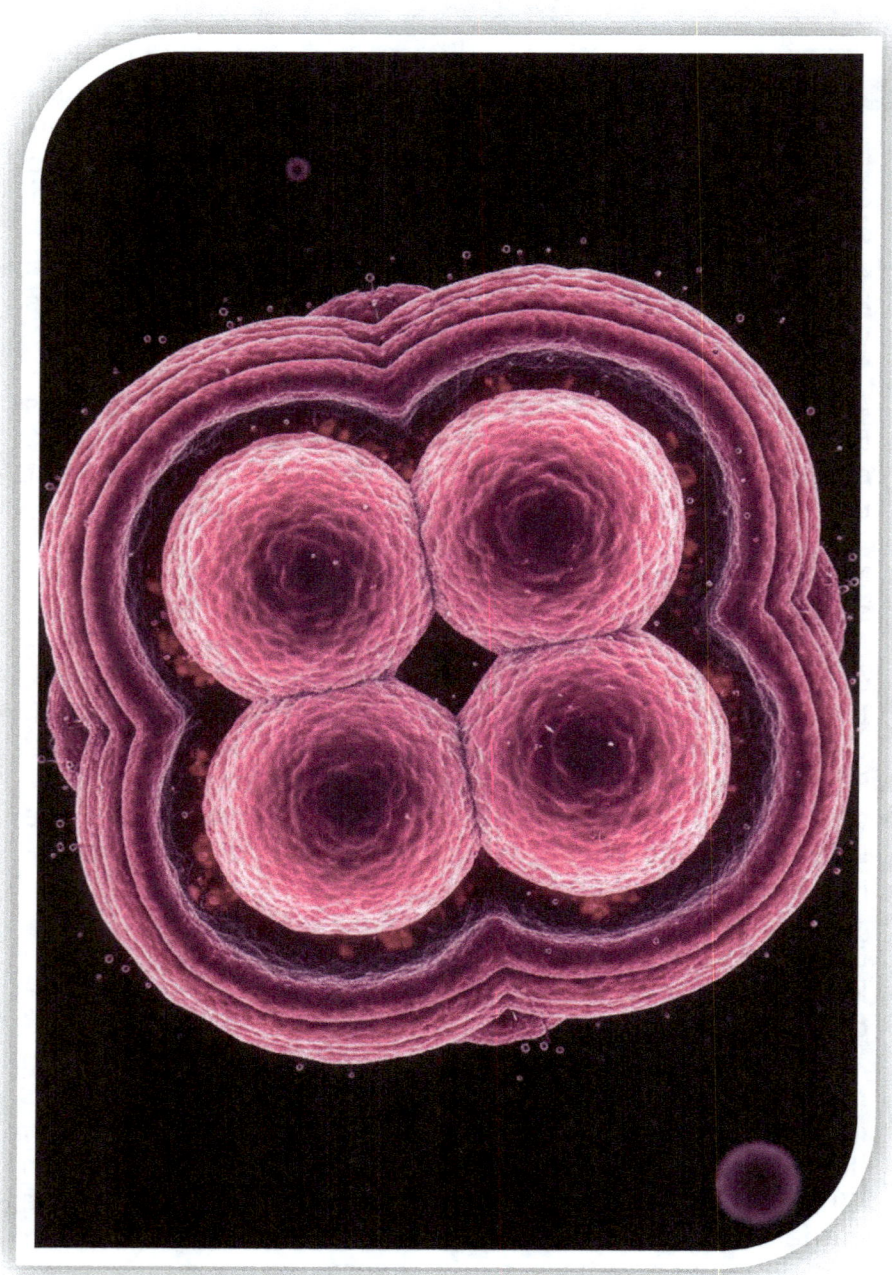

LEBEN IN STRAHLUNG

Die Welt der Mikroorganismen birgt einige erstaunliche Lebewesen, die sich in den extremsten Umgebungen wohlfühlen, einschließlich radioaktiver Gebiete. Ein bemerkenswertes Beispiel ist Deinococcus radiodurans, auch bekannt als »Conan das Bakterium«. Dieses Bakterium besitzt eine außergewöhnliche Fähigkeit, extrem hohe Dosen von ionisierender Strahlung zu überleben, die für die meisten Lebensformen tödlich wären. Seine DNA-Reparaturmechanismen sind so effizient, dass es selbst nach einer Zerstörung durch Strahlung seine Erbinformationen nahezu fehlerfrei wiederherstellen kann.

Zum Vergleich: Während eine Strahlendosis von nur fünf Gray für den Menschen meist tödlich ist, kann »Conan das Bakterium« eine Dosis von bis zu fünfzehntausend Gray überleben und seine DNA fast vollständig wiederherstellen. Die Überlebensfähigkeiten von Deinococcus radiodurans wurden in verschiedenen Umgebungen getestet, einschließlich in Laboren und an Orten mit hoher Radioaktivität. Diese Organismen besitzen nicht nur eine bemerkenswerte Widerstandsfähigkeit gegenüber Strahlung, sondern auch gegenüber extremen Temperaturen, Austrocknung und Vakuum. Diese Eigenschaften machen sie zu idealen Kandidaten für die Erforschung der Möglichkeiten des Lebens auf anderen Planeten und in Weltraummissionen.

Ein weiteres faszinierendes Beispiel ist der Pilz Cladosporium sphaerospermum, der in den radioaktiven Ruinen des Kernkraftwerks von Tschernobyl entdeckt wurde. Diese Pilze nutzen die radioaktive Strahlung als Energiequelle, ähnlich wie Pflanzen das Sonnenlicht nutzen. Die Fähigkeit dieser Mikroorganismen, in solch extremen Umgebungen zu gedeihen, eröffnet neue Perspektiven für Biotechnologie und die Dekontamination radioaktiv verseuchter Gebiete.

GEHEIME PFLANZENSPRACHE

Pflanzen sind keineswegs die stummen, statischen Lebewesen, für die sie oft gehalten werden. Sie besitzen erstaunliche Fähigkeiten zur Kommunikation, insbesondere durch chemische Signale. Ein faszinierendes Beispiel hierfür sind die Akazienbäume in Afrika. Wenn eine Giraffe an ihnen zu knabbern beginnt, setzen die Akazien Ethylen frei, ein Gas, das von den umliegenden Bäumen aufgenommen wird. Diese Bäume beginnen dann, Tannine in ihren Blättern zu produzieren, die für die Giraffen ungenießbar und manchmal sogar giftig sind. So warnen sie ihre Nachbarn vor dem Fressfeind und schützen sich kollektiv.

Ein weiteres Beispiel sind die Walnussbäume, die eine Chemikalie namens Juglon in den Boden abgeben. Diese Chemikalie hemmt das Wachstum anderer Pflanzen in ihrer Nähe, wodurch die Walnussbäume mehr Ressourcen für sich selbst sichern.

Auch wenn dies eher eine Form der chemischen Kriegsführung als der Kommunikation ist, zeigt es doch, wie Pflanzen chemische Signale nutzen, um ihre Umgebung zu beeinflussen. Darüber hinaus können Pflanzen bei Schädlingsbefall spezifische flüchtige organische Verbindungen (VOCs) freisetzen, die nicht nur Nachbarn warnen, sondern auch natürliche Fressfeinde des Schädlings anlocken.

Das Netzwerk der Mykorrhiza, ein symbiotisches Geflecht von Pilzen und Pflanzenwurzeln, ist ein weiteres beeindruckendes Kommunikationssystem. Diese »Wood Wide Web« genannte Struktur ermöglicht es Pflanzen, Nährstoffe und Wasser auszutauschen und sogar Warnungen über Schädlingsbefall weiterzugeben. Wenn eine Pflanze angegriffen wird, kann sie über das Mykorrhiza-Netzwerk chemische Signale senden, die ihre Nachbarn veranlassen, ihre Abwehrmechanismen zu verstärken.

UNERWARTETE GÄSTE

Beim Thema Migration denken wir oft an Menschen, an Schicksale und Wege ins Ungewisse. Doch still und beinahe unbemerkt ziehen auch Tiere und Pflanzen in neue Lebensräume ein und hinterlassen dort Spuren, die ganze Landschaften verändern können. Manche dieser Neuankömmlinge wirken harmlos, beinahe liebenswert – und genau das macht ihre Geschichte so eindrucksvoll. In Mitteleuropa sind einige dieser Eindringlinge zu einem echten Problem geworden.

Nehmen wir zum Beispiel den Waschbär, ein niedlich aussehendes Tier, das ursprünglich aus Nordamerika stammt. In den 1930er Jahren wurde er in Deutschland eingeführt, um gejagt zu werden. Doch der Waschbär erwies sich als extrem anpassungsfähig und begann, sich in der Natur und sogar in urbanen Gebieten rasant auszubreiten. Heute verursacht er erhebliche Schäden in Gärten und Häusern und stellt eine Bedrohung für heimische Tierarten dar.

Ein weiteres eindrucksvolles Beispiel für eine invasive Art ist das Drüsige Springkraut, eine Pflanze aus dem Himalaya. Diese Pflanze wurde im 19. Jahrhundert als Zierpflanze nach Europa gebracht, breitet sich jedoch mittlerweile unkontrolliert aus. Das Drüsige Springkraut bevorzugt feuchte Standorte wie Flussufer und Waldlichtungen, wo es dichte Bestände bildet und heimische Pflanzen verdrängt. Durch seine schnelle Vermehrung und die Fähigkeit, große Flächen zu dominieren, verändert es ganze Ökosysteme und reduziert die Artenvielfalt erheblich. Diese invasiven Arten zeigen eindrucksvoll, wie menschliche Eingriffe in die Natur unvorhergesehene und oft negative Konsequenzen haben können. Der Waschbär und das Drüsige Springkraut sind nur zwei Beispiele, aber sie verdeutlichen die Notwendigkeit, solche Entwicklungen genau zu beobachten und geeignete Maßnahmen zu ergreifen, um die heimischen Ökosysteme zu schützen.

GRÜNE KLIMARETTER

Pflanzen sind weit mehr als nur dekorative Elemente in unserem Alltag, sie sind die stillen Helden im Kampf gegen den Klimawandel. Durch den Prozess der Photosynthese entziehen sie der Atmosphäre Kohlendioxid, ein Treibhausgas, das maßgeblich zur globalen Erwärmung beiträgt, und wandeln es in Sauerstoff um, der für das Leben auf der Erde unverzichtbar ist. Ein einzelner Baum kann im Laufe seines Lebens etwa eine Tonne Kohlendioxid binden, was ihn zu einem unschätzbaren Verbündeten im Kampf gegen den Klimawandel macht.

Wenig bekannt ist, dass mikroskopisch kleine Meerespflanzen, das »Phytoplankton«, schätzungsweise die Hälfte der gesamten globalen Photosynthese leisten und damit die bedeutendsten, wenn auch unsichtbaren, CO_2-Speicher der Erde sind. Wälder, die aus Millionen solcher Bäume bestehen, fungieren als gigantische CO_2-Speicher und tragen gleichzeitig zur Regulation des globalen Klimas bei. Sie erhöhen die Luftfeuchtigkeit, was nicht nur zur Kühlung der Atmosphäre beiträgt, sondern auch Niederschläge fördert und damit für die Wasserversorgung vieler Regionen entscheidend ist. Gleichzeitig wirken Wälder wie riesige Klimaanlagen, indem sie Schatten spenden und die Bodentemperaturen senken, was insbesondere in heißen Sommern eine willkommene Erfrischung darstellt.

Doch nicht nur Wälder, sondern auch andere Vegetationsflächen wie Wiesen und Feuchtgebiete spielen eine wichtige Rolle im Klimasystem. Sie verhindern Bodenerosion, fördern die Wasseraufnahme und tragen zur Biodiversität bei. Die Vielfalt der Pflanzenarten sorgt dafür, dass unsere Ökosysteme widerstandsfähiger gegenüber Klima-Veränderungen sind. Pflanzen sind somit nicht nur stille Beobachter des Klimawandels, sondern aktive Akteure, die unsere Lebensqualität auf vielfältige Weise verbessern und schützen.

GEHEIMNISVOLLE SINNE

Als faszinierende neurologische Verknüpfung löst die Synästhesie automatisch und unwillkürlich einen anderen Sinneseindruck aus. Menschen mit synästhetischen Fähigkeiten erleben die Welt auf eine Weise, die für die meisten von uns unvorstellbar ist. Sie können zum Beispiel Töne als Farben sehen oder Geschmäcker als Formen empfinden. Diese außergewöhnlichen Wahrnehmungen entstehen durch eine intensivere Vernetzung der Sinneswahrnehmungen im Gehirn, ein Phänomen, das die Wissenschaftler noch immer zu enträtseln versuchen. Eine häufige Form der Synästhesie ist die Graphem-Farb-Synästhesie, bei der Buchstaben und Zahlen in spezifischen Farben gesehen werden. Es gibt aber auch Menschen, die Musik als farbenfrohe Lichtmuster erleben oder bestimmte Wörter als Geschmack wahrnehmen.

Wissenschaftliche Studien deuten darauf hin, dass nur etwa vier Prozent der Bevölkerung Synästhetiker sind und die Eigenschaft oft familiär gehäuft auftritt, was auf eine genetische Komponente hindeutet.

Diese sensorische Verknüpfung kann das Leben der Betroffenen auf wunderbare Weise bereichern. Stellen Sie sich vor, jedes Mal, wenn Sie ein Lied hören, tauchen Sie in ein Meer aus Farben und Licht ein. Oder dass der Name einer geliebten Person einen süßen oder würzigen Geschmack hinterlässt. Diese besonderen Fähigkeiten machen das alltägliche Leben zu einem kontinuierlichen Abenteuer der Sinne.

Ein beeindruckendes Beispiel für synästhetische Fähigkeiten sind Menschen, die bei jedem Hören eines bestimmten Klangs eine spezifische Farbe sehen. Diese einzigartigen Erfahrungen öffnen eine völlig neue Dimension der Wahrnehmung und laden uns ein, die Geheimnisse des menschlichen Geistes zu erforschen.

GLÜCK UND WISSENSCHAFT

Glück ist ein Zustand, den Menschen seit Jahrhunderten zu verstehen und zu erreichen versuchen, und die Wissenschaft hat in den letzten Jahrzehnten bedeutende Fortschritte gemacht, um die Geheimnisse des Glücks zu entschlüsseln. Eine der bekanntesten Langzeitstudien, die Harvard-Studie über die Entwicklung Erwachsener, begann bereits in den dreißiger Jahren des letzten Jahrhunderts und verfolgt seitdem das Leben von Hunderten von Teilnehmern. Die Ergebnisse dieser Studie zeigen, dass stabile, unterstützende Beziehungen der wichtigste Faktor für langfristiges Glück und Wohlbefinden sind. Ein wichtiges Konzept ist das sogenannte »Hedonistische Laufband«, welches erklärt, warum große positive Ereignisse, wie ein Lottogewinn, die Glücksgefühle oft nur vorübergehend steigern, da sich Menschen schnell wieder an ihren individuellen Basiswert gewöhnen.

Eine andere faszinierende Studie ist die »Grant and Glueck Study«, ebenfalls von Harvard, die zu ähnlichen Schlussfolgerungen kommt. Diese Untersuchung ergab, dass enge Beziehungen nicht nur das emotionale Wohlbefinden fördern, sondern auch körperliche Gesundheit und Langlebigkeit positiv beeinflussen. Menschen, die sozial isoliert sind, erleben im Durchschnitt schlechtere Gesundheitsergebnisse und eine kürzere Lebensdauer. Diese Ergebnisse unterstreichen die immense Bedeutung von zwischenmenschlichen Bindungen für unser Glück und unsere Gesundheit.

Neben sozialen Beziehungen spielt auch Dankbarkeit eine wesentliche Rolle im Streben nach Glück. Forscher haben herausgefunden, dass Menschen, die regelmäßig Dankbarkeitsübungen praktizieren, wie das Führen eines Dankbarkeitstagebuchs, signifikant höhere Glückslevels und geringere Symptome von Depressionen und Angstzuständen aufweisen.

TIERISCHE SCHLAFARTEN

Die Schlafgewohnheiten im Tierreich sind ebenso vielfältig wie faszinierend und offenbaren einige ungewöhnliche Überlebensstrategien. Elefanten, die größten Landtiere, schlafen beispielsweise nur etwa zwei Stunden pro Tag, oft im Stehen. Diese kurzen Schlafphasen sind notwendig, da sie ständig Nahrung suchen und sich vor Raubtieren schützen müssen. Elefanten können auch mehrere Tage ohne Schlaf auskommen, wenn sie wandern oder in Gefahr sind.

Als Gegenstück zu den kurz schlafenden Elefanten gilt die »Braune Fledermaus« als Rekordhalter unter den Säugetieren, da sie bis zu zwanzig Stunden pro Tag ruht.

Delfine haben eine besonders interessante Schlafstrategie entwickelt. Da sie regelmäßig zum Atmen an die Oberfläche kommen müssen, schlafen sie mit nur einer Gehirnhälfte gleichzeitig. Dieses Phänomen, bekannt als unihemisphärischer Schlaf, ermöglicht es ihnen, sich auszuruhen und gleichzeitig aufmerksam auf Gefahren zu bleiben.

Auch Vögel haben erstaunliche Schlafgewohnheiten. Der Albatros kann im Flug schlafen, indem er seine Flügel einrasten lässt und lange Strecken gleitet. Mauersegler verbringen fast ihr gesamtes Leben in der Luft und schlafen in kurzen Intervallen, während sie fliegen. Diese Strategien zeigen, wie unterschiedlich Tiere die nötige Ruhe finden und gleichzeitig ihre Überlebensfähigkeit maximieren.

Diese vielfältigen Schlafgewohnheiten sind beeindruckende Beispiele dafür, wie die Evolution unterschiedliche Lösungen für das Problem des Schlafs entwickelt hat, angepasst an die spezifischen Bedürfnisse und Lebensräume der jeweiligen Arten.

TÖDLICHE ABWEHR

Die Natur hat einige der tödlichsten Gifte hervorgebracht, die sowohl von Tieren als auch von Pflanzen produziert werden. Diese Gifte dienen oft als Verteidigungs-Mechanismus oder zur Jagd. Ein berühmtes Beispiel ist die Kegelschnecke, deren Gift stark genug ist, um einen Menschen zu töten. Diese Schnecke nutzt ihr Gift, um Fische zu lähmen, die sie dann in Ruhe verspeisen kann. Ein anderer faszinierender Giftsteller ist der Pfeilgiftfrosch aus dem Regenwald, dessen Hautsekrete so giftig sind, dass sie von indigenen Völkern zum Vergiften von Jagdpfeilen verwendet werden. Obwohl das Gift der Kegelschnecke tödlich ist, werden die darin enthaltenen »Conotoxine« in der modernen Medizin als extrem starke, nicht süchtig machende Schmerzmittel eingesetzt, die Morphium in ihrer Wirkung übertreffen.

Doch die Natur hat auch bemerkenswerte Mechanismen entwickelt, um diese tödlichen Substanzen zu neutralisieren. Schlangen, die oft selbst giftig sind, besitzen oft eine Immunität gegen das Gift anderer Schlangen derselben Art. Ein eindrucksvolles Beispiel ist der Mungo, ein kleines Raubtier, das dafür bekannt ist, Schlangen zu jagen und zu töten, einschließlich der tödlichen Königskobra. Der Mungo hat eine genetische Mutation entwickelt, die seine Nervenzellen vor dem Gift der Schlange schützt und ihm so einen entscheidenden Überlebensvorteil verschafft.

Auch Pflanzen haben Mechanismen entwickelt, um sich vor Giften zu schützen. Einige Pflanzen, wie die Giftlilie, produzieren Glykoside, die für viele Tiere giftig sind. Dennoch gibt es spezialisierte Insekten, wie bestimmte Schmetterlingsraupen, die sich an diese Gifte angepasst haben und sie ohne Schaden fressen können. Diese Raupen können die Giftstoffe sogar in ihren eigenen Körpern speichern, um sich vor Fressfeinden zu schützen.

UNTERIRDISCHE LEBENSADERN

Unter der Erdoberfläche verbirgt sich eine faszinierende und oft übersehene Welt: das komplexe Netzwerk der Pflanzenwurzeln. Dieses unsichtbare System ist nicht nur größer, sondern auch viel komplexer als der oberirdische Teil der Pflanzen. Die Wurzeln dienen nicht nur der Verankerung der Pflanze im Boden, sondern sie sind auch entscheidend für die Wasseraufnahme und die Nährstoffversorgung.

Durch feine Haarwurzeln, die sich weit in die umgebende Erde erstrecken, saugen Pflanzen Wasser und Mineralien aus dem Boden auf, die sie für ihr Wachstum und ihre Entwicklung benötigen. Wussten Sie, dass die feinen Haarwurzeln einer einzigen Roggenpflanze eine Gesamtoberfläche von über 600 Quadratmetern schaffen können, was die enorme Absorptionsfähigkeit dieses Netzwerks demonstriert?

Ein bemerkenswertes Merkmal des Wurzelsystems ist seine Anpassungsfähigkeit und Interaktion mit anderen Organismen im Boden. Pflanzen können über ihre Wurzeln mit Pilzen eine symbiotische Beziehung eingehen, die als Mykorrhiza bekannt ist. Diese Pilze helfen den Pflanzen, Nährstoffe effizienter aufzunehmen, während die Pflanzen im Gegenzug Zucker an die Pilze abgeben. Diese Partnerschaft ist für das Überleben vieler Pflanzenarten in unterschiedlichen Umgebungen entscheidend.

Darüber hinaus dienen Pflanzenwurzeln als wichtige Speicherorgane. Einige Pflanzen speichern Reservestoffe wie Stärke oder Wasser in ihren Wurzeln, um sie in Zeiten von Trockenheit oder Nahrungsmangel zu nutzen. Dieser adaptive Mechanismus ermöglicht es Pflanzen, in extremen Lebensräumen zu überleben, indem sie Ressourcen effizienter nutzen.

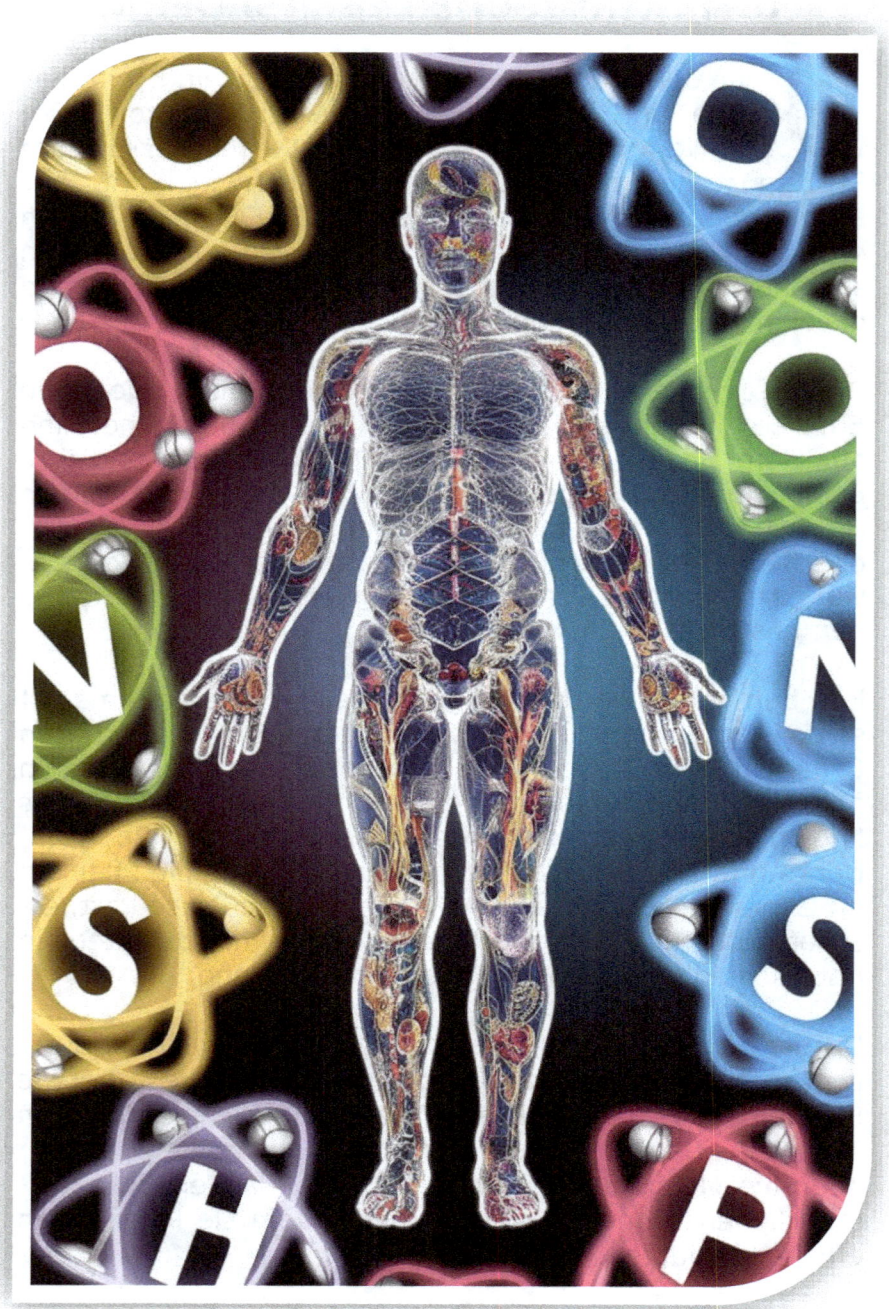

SECHS LEBENSBAUSTEINE

Wussten Sie, dass nur sechs der einhundertachtzehn bekannten Elemente ausreichen, um einen Menschen zu bauen? Kohlenstoff (C), Wasserstoff (H), Sauerstoff (O), Stickstoff (N), Schwefel (S) und Phosphor (P) – oft als »CHONSP« zusammengefasst – bilden die Grundbausteine unseres Körpers und ermöglichen die unglaubliche Vielfalt an biochemischen Prozessen, die das Leben ausmachen.

Kohlenstoff ist das Rückgrat organischer Moleküle und schafft die Struktur für komplexe Verbindungen wie Proteine, Kohlenhydrate und Fette. Wasserstoff und Sauerstoff sind Hauptbestandteile von Wasser, das den Großteil unserer Körpermasse ausmacht und als Medium für unzählige chemische Reaktionen dient. Obwohl es sechs Elemente sind, machen Sauerstoff und Kohlenstoff, hauptsächlich in Form von Wasser und organischen Molekülen, zusammen über fünfundneunzig Prozent der gesamten Körpermasse aus.

Stickstoff ist unverzichtbar für die Bildung von Aminosäuren und Nukleinsäuren, den Bausteinen von Proteinen und DNA, die unsere genetischen Informationen tragen. Schwefel spielt eine Schlüsselrolle in einigen Aminosäuren und Vitaminen, die für die Struktur und Funktion von Proteinen und Enzymen entscheidend sind. Phosphor schließlich ist ein zentraler Bestandteil der DNA und RNA, den Molekülen, die unsere genetischen Informationen speichern und übertragen. Zudem ist Phosphor ein essenzieller Bestandteil von ATP, dem Energiemolekül, das jede Zelle antreibt.

Diese sechs Elemente arbeiten zusammen und bilden die Grundlage für das Leben, wie wir es kennen. Sie ermöglichen das Wachstum, die Reparatur und die Erhaltung unseres Körpers, indem sie eine Vielzahl von chemischen Reaktionen unterstützen.

BIOLOGISCHE MÜLLSCHLUCKER

Bakterien, die Plastik fressen, könnten die Welt revolutionieren, indem sie eine Lösung für eines der größten Umweltprobleme unserer Zeit bieten. In den siebziger Jahren des letzten Jahrhunderts entdeckten Wissenschaftler erstmals Mikroben, die Kunststoffe zersetzen können, aber es dauerte Jahrzehnte der Forschung, bis man Bakterien fand, die diese Aufgabe effektiv übernehmen konnten. Ein bemerkenswertes Beispiel ist Ideonella sakaiensis, ein Bakterium, das in der Lage ist, Polyethylenterephthalat (PET) – das Material, aus dem viele Plastikflaschen bestehen – in seine Bestandteile zu zerlegen und als Energiequelle zu nutzen.

Wichtig für diesen Prozess ist ein Schlüsselenzym namens »PETase«, das es den Mikroben ermöglicht, die PET-Ketten zu spalten und den Kunststoff in seine harmlosen, wiederverwertbaren Bausteine zu zerlegen. Diese Entdeckung bietet Hoffnung, denn herkömmliche Methoden zur Plastikentsorgung, wie Deponien und Verbrennung, sind umweltschädlich und ineffizient. Plastik braucht Jahrhunderte, um sich zu zersetzen, und setzt dabei schädliche Chemikalien frei, die Böden und Gewässer kontaminieren. Bakterien wie Ideonella sakaiensis könnten jedoch den Plastikmüll in einer viel kürzeren Zeit abbauen, ohne schädliche Nebenprodukte zu hinterlassen.

Die Forschung auf diesem Gebiet steckt zwar noch in den Kinderschuhen, aber die Möglichkeiten sind vielversprechend. Wissenschaftler arbeiten daran, die Effizienz dieser Bakterien zu erhöhen und sie in großem Maßstab einzusetzen. Dies könnte ein entscheidender Schritt im Kampf gegen die Plastikverschmutzung sein und unsere Umwelt nachhaltig entlasten. Mit jedem Fortschritt in dieser Forschung kommen wir der Vision einer Welt näher, in der Plastik nicht mehr als Müll, sondern als wertvolle Ressource betrachtet wird.

KLEINE BOHNE MIT GROßER ROLLE

Die bescheidene Erbse, die heute in vielen Gerichten weltweit zu finden ist, gehört zu den ältesten vom Menschen kultivierten Gemüsepflanzen. Archäologische Funde zeigen, dass Erbsen bereits vor über zehntausend Jahren in der Jungsteinzeit angebaut wurden. In den frühen Zivilisationen des Nahen Ostens und des Mittelmeerraums dienten sie als verlässliche Nahrungsquelle – leicht anzubauen, gut lagerbar und reich an wertvollen Nährstoffen.

Dank der Möglichkeit, Erbsen zu trocknen und über lange Zeit zu lagern, stellten sie insbesondere in den Wintermonaten und auf langen Seereisen eine unverzichtbare Überlebensgrundlage dar. Erbsen enthalten Proteine, Vitamine und Mineralstoffe und spielten deshalb schon früh eine wichtige Rolle für die Ernährung. Zudem tragen sie zur Bodenfruchtbarkeit bei, denn sie gehen eine Symbiose mit »Rhizobium-Bakterien« ein, die in ihren Wurzelknöllchen leben und Luftstickstoff in pflanzenverfügbare Verbindungen umwandeln. Dadurch wurde die Erbse zu einer idealen Pflanze in der Fruchtfolge und half, Ackerflächen langfristig zu erhalten.

Erst die Entwicklung der Tiefkühlkost im zwanzigsten Jahrhundert revolutionierte den Konsum, da gefrorene Erbsen ihre Nährstoffe besser bewahren als getrocknete Varianten. Doch ihre Bedeutung reicht weit über die Landwirtschaft hinaus: Erbsen waren der zentrale Modellorganismus in Gregor Mendels berühmten Kreuzungsexperimenten, durch die er die grundlegenden Regeln der Vererbung entdeckte. Damit legte er den Grundstein für die moderne Genetik.

Von ihren frühen Anfängen in der Jungsteinzeit bis hin zu ihrer Schlüsselrolle in der Wissenschaftsgeschichte hat die Erbse eine bemerkenswerte kulturelle und biologische Bedeutung erlangt.

NAHE VERWANDTE

Es ist erstaunlich, aber wahr: Rund 98 Prozent der Gene von Mensch und Schimpanse sind identisch. Diese überwältigende genetische Übereinstimmung zeigt, wie eng verwandt wir mit unseren nächsten tierischen Verwandten sind. Doch es sind die feinen Unterschiede in diesen Genen, die den Menschen zu dem machen, was er ist. Nur etwa ein Prozent der Gene unterscheiden sich zwischen uns und den Schimpansen, aber diese Unterschiede haben große Auswirkungen auf unsere Entwicklung, Fähigkeiten und Verhaltensweisen.

Biologisch gesehen ist der entscheidende Unterschied nicht die Anzahl der Gene, sondern die unterschiedliche Regulierung der Genexpression; das heißt, wann und wo bestimmte Gene im Körper »ein- und ausgeschaltet« werden.

Die kleinen genetischen Variationen führen zu wesentlichen Unterschieden in Gehirngröße und -struktur, die dem Menschen komplexeres Denken, Sprache und Kultur ermöglichen. Außerdem beeinflussen sie die Art und Weise, wie wir uns bewegen, kommunizieren und unsere Umwelt gestalten. Während Schimpansen Werkzeuge benutzen und komplexe soziale Strukturen haben, hat der Mensch Technologien entwickelt, Kunst geschaffen und Gesellschaften aufgebaut, die die Welt verändert haben.

Diese minimalen genetischen Unterschiede sind ein faszinierendes Beispiel dafür, wie kleine Veränderungen in der DNA große Unterschiede in der Biologie und im Verhalten hervorrufen können. Die Entdeckung dieser genetischen Ähnlichkeit hat die Wissenschaftler dazu gebracht, unsere eigene Evolution und unsere Verbindung zu anderen Lebewesen auf dem Planeten neu zu überdenken. Es zeigt uns, dass wir trotz unserer einzigartigen Fähigkeiten und Errungenschaften tief in der Natur verwurzelt sind und mit allen Lebewesen auf der Erde verbunden bleiben.

TÖDLICHE BOTANIK

Nicht alles, was pflanzlich ist, ist auch wirklich gesund. Ganz im Gegenteil: Es gibt Pflanzen, die stark giftig sind und hierzulande wachsen. Beispiele dafür sind die Tollkirsche, der Goldregen, der Fingerhut und das Maiglöckchen. Diese Pflanzen enthalten Toxine, die bei falscher Anwendung oder Verzehr tödlich sein können. Daher ist es wichtig, beim Sammeln von Wildkräutern sehr vorsichtig zu sein und genau zu wissen, was man pflückt.

Interessanterweise werden viele dieser giftigen Pflanzen auch für medizinische Zwecke genutzt. Schon seit Jahrhunderten und auch heute noch entwickeln Wissenschaftler aus diesen Pflanzen wichtige Medikamente. Der Fingerhut zum Beispiel wird für die Herstellung von Herzmedikamenten verwendet, die bei bestimmten Herzerkrankungen lebensrettend sein können. Auch Schlangengift wird in der Medizin in sehr geringen Dosierungen verwendet, um spezifische therapeutische Wirkungen zu erzielen. Selbst das stärkste bekannte biologische Gift, das »Botulinumtoxin« (Botox), wird in extrem geringen, medizinisch kontrollierten Dosen zur Behandlung von Muskelkrämpfen und chronischen Migräne eingesetzt.

Ein weiteres wichtiges Beispiel ist die hochgiftige Eibe, aus deren Rinde ursprünglich »Taxol« gewonnen wurde, eines der effektivsten Chemotherapeutika, das heute zur Behandlung von Krebs eingesetzt wird.

Dieses Phänomen verdeutlicht, dass die Dosis das Gift macht. Was in großen Mengen gefährlich oder tödlich ist, kann in kleinen, kontrollierten Mengen heilende Eigenschaften besitzen. Die Natur bietet eine Vielzahl von Substanzen, die – richtig dosiert – in der Lage sind, schwerwiegende Krankheiten zu behandeln und das Leben der Menschen zu verbessern.

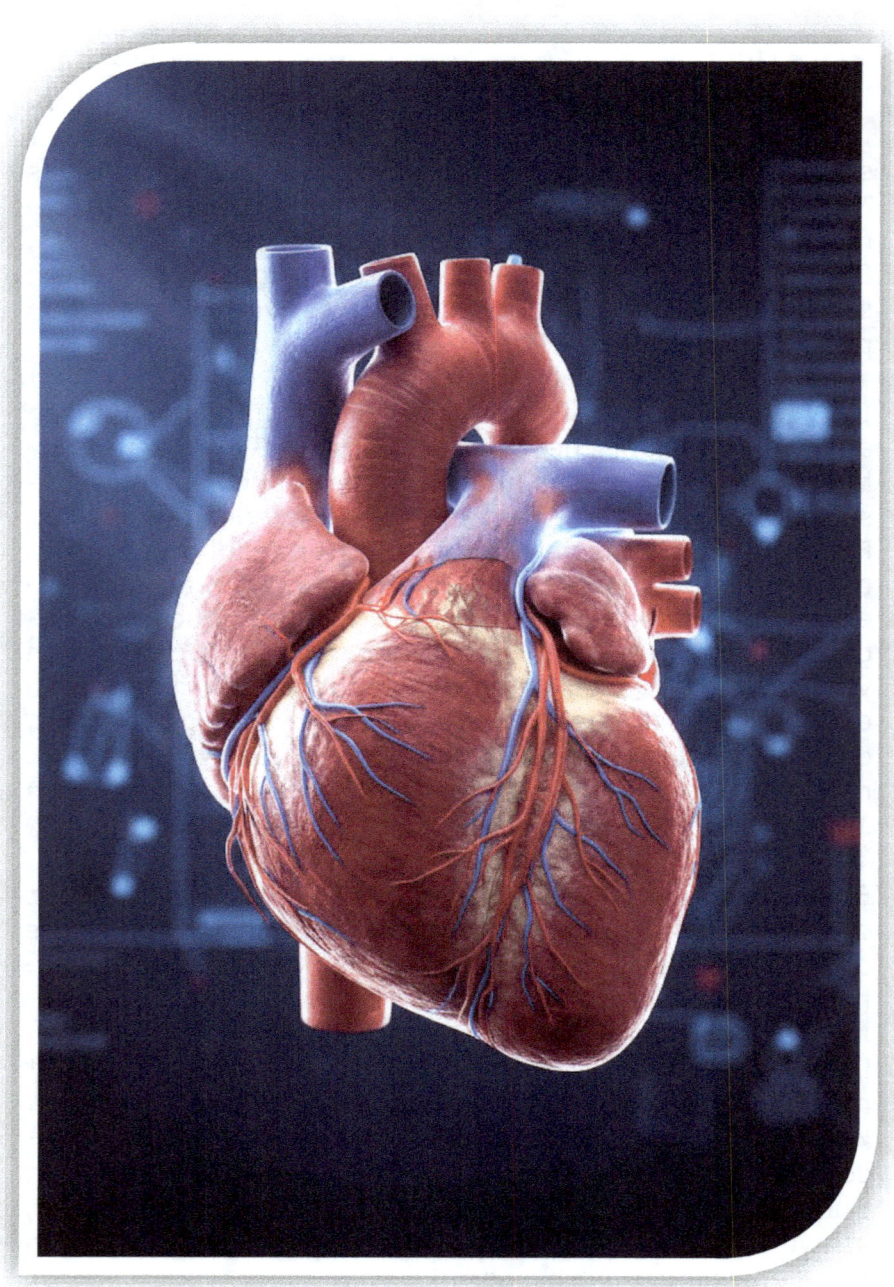

UNERMÜDLICHE BLUTPUMPE

Das Herz ist ein erstaunlicher Muskel, der ein Leben lang unermüdlich arbeitet und dabei pro Tag etwa 10.000 Liter Blut durch unseren Gefäßkreislauf pumpt. Diese beeindruckende Leistung ist lebenswichtig, denn das Blut versorgt alle Organe und Gewebe mit Sauerstoff und Nährstoffen.

Besonders das Gehirn ist auf eine ständige und reichliche Blutversorgung angewiesen, da es etwa 15 Prozent der gesamten Blutmenge erhält. Obwohl das Gehirn nur etwa 2 Prozent des Körpergewichts ausmacht, ist seine hohe Blutversorgung entscheidend für seine komplexen Funktionen.

Die Kraft des menschlichen Herzschlags ist so stark ist, dass es theoretisch genug Druck erzeugen könnte, um das Blut mehrere Meter hoch zu spritzen. Aufgrund der unabhängigen elektrischen Impulse des Sinusknotens kann das menschliche Herz sogar dann noch für kurze Zeit weiterschlagen, wenn es vom zentralen Nervensystem getrennt wurde.

Geschützt wird dieses zentrale Organ durch den »Herzbeutel« (Perikard), der eine reibungslose Bewegung der Herzkammern ermöglicht. Das Herz schlägt im Durchschnitt 70 Mal pro Minute, was in einem Jahr mehr als 35 Millionen Schläge ergibt. Um seine eigene unermüdliche Arbeit zu gewährleisten, besitzt der Herzmuskel zudem ein spezialisiertes Netz von Koronararterien, das ihn selbst mit Blut versorgt.

Die konstante Arbeit des Herzens ermöglicht es uns, zu denken, uns zu bewegen und zu leben. Diese biologische Meisterleistung zeigt die unglaubliche Effizienz und Ausdauer des menschlichen Körpers, dessen Leben auf diesem perfekten Zusammenspiel von Pumpe und Versorgung beruht.

ÜBERRASCHUNGSFRUCHT

Der Kürbis gilt als die größte Beere der Welt. Nach der botanischen Definition ist eine Beere eine Frucht, deren Kerne frei im Fruchtfleisch liegen, was den Kürbis – ebenso wie die Aubergine, Banane und Tomate – zur Familie der Beeren macht.

Der Kürbis gehört dabei zu einer besonderen Art von Beere, die als »Panzerbeere« bezeichnet wird, aufgrund ihrer harten und ledrigen Außenschicht. Diese robuste Schale schützt das Fruchtfleisch und die Samen und ermöglicht dem Kürbis, beeindruckende Größen zu erreichen. Aktuell liegt der Weltrekord für den schwersten Kürbis bei über tausendzweihundert Kilogramm, eine Größe, die die immense Speicherkapazität dieser Panzerbeere verdeutlicht.

In der Natur gibt es viele überraschende Beispiele für Pflanzen, die auf den ersten Blick nicht das sind, was sie zu sein scheinen. Um die Komplexität der Klassifikation zu verdeutlichen, gilt die oft als Beere bezeichnete Erdbeere botanisch gar nicht als solche, da ihre eigentlichen Samen außen an der Frucht sitzen. So gehört der Kürbis trotz seiner Größe und seines äußeren Erscheinungsbildes zu derselben Kategorie wie einige der unscheinbareren Früchte, die wir täglich konsumieren. Kürbisse können mehrere hundert Kilogramm wiegen und sind nicht nur kulinarisch vielseitig einsetzbar, sondern auch als dekorative Elemente beliebt.

Diese erstaunliche Vielfalt innerhalb der Pflanzenfamilien zeigt, wie vielfältig und anpassungsfähig die Natur ist. Ihre Rolle als größte Beere der Welt unterstreicht die faszinierenden und oft unerwarteten Verbindungen in der botanischen Welt, die unser Verständnis von Pflanzen und ihren Klassifikationen immer wieder herausfordern und erweitern.

GEFÄHRLICHE DOSIS

Unser Körper besteht zu etwa 180 bis 300 Gramm aus Salz, das eine essenzielle Rolle in vielen biologischen Prozessen spielt. Dieses lebenswichtige Mineral verliert der Körper durch Schwitzen und andere Ausscheidungen, weshalb wir es regelmäßig ersetzen müssen.

Schon 5 bis 6 Gramm Salz pro Tag reichen aus, um unseren täglichen Bedarf zu decken und den Flüssigkeits- und Elektrolythaushalt im Gleichgewicht zu halten. Um den lebenswichtigen Elektrolythaushalt zu schützen, reagieren die Nieren fast augenblicklich auf erhöhte Salzspiegel, indem sie überschüssiges Natrium durch einen komplexen Filtrationsprozess ausscheiden.

Ein historisches Zeichen für die Wichtigkeit dieses Minerals ist das Wort »Salär« (Gehalt), das vom lateinischen Begriff salarium abgeleitet ist, der ursprünglich die Salzzuteilung für römische Soldaten beschrieb.

Doch größere Mengen Salz sind nicht nur unnötig, sondern können auch gefährlich werden. Schon bei einer Aufnahme von etwa zehn Esslöffeln Salz droht Lebensgefahr. Diese Menge Salz kann zu einer schweren Überlastung des Körpers führen, indem sie den Natriumspiegel im Blut drastisch erhöht.

Hohe Natriumkonzentrationen ziehen Wasser aus den Zellen in den Blutkreislauf, was zu Bluthochdruck, Nierenschäden und sogar Herzversagen führen kann. Der menschliche Körper ist darauf angewiesen, dass der Salzhaushalt sorgfältig reguliert wird. Ein Überschuss an Salz kann daher zu einer Vielzahl von Gesundheitsproblemen führen. Diese Tatsache verdeutlicht, wie wichtig es ist, den Salzkonsum im Auge zu behalten und maßvoll zu bleiben, um unsere Gesundheit zu schützen.

SCHMETTERLINGSWUNDER

Schmetterlinge sind nicht nur für ihre farbenfrohen Flügel bekannt, sondern auch für ihre ungewöhnliche Art zu schmecken. Tatsächlich schmecken Schmetterlinge mit ihren Füßen! Diese faszinierende Fähigkeit ermöglicht es ihnen, potenzielle Nahrungsquellen zu erkennen, sobald sie darauf landen. Die Geschmackssensoren, die sich an ihren Füßen befinden, sind hochspezialisiert und ermöglichen es ihnen, den Zucker- und Nährstoffgehalt von Pflanzen zu analysieren.

Tatsächlich besitzen Schmetterlinge auf ihren Füßen um ein Vielfaches mehr Geschmacksrezeptoren, als der Mensch auf seiner Zunge hat, was ihre extrem hohe Sensitivität gegenüber chemischen Unterschieden erklärt. Darüber hinaus besitzen Raupen, die Larven der Schmetterlinge, spezifische Sensoren an ihren Mundwerkzeugen, die ihnen helfen, ihre hochspezialisierte und oft giftige Wirtspflanze zuverlässig zu identifizieren.

Wenn ein Schmetterling auf einer Blüte oder einem Blatt landet, kann er sofort feststellen, ob die Pflanze geeignet ist, um Nektar zu trinken oder Eier abzulegen. Diese Fähigkeit ist besonders wichtig für weibliche Schmetterlinge, die die perfekten Pflanzen für ihre Nachkommen finden müssen. Sobald sie eine geeignete Pflanze entdeckt haben, legen sie ihre Eier ab, damit die Raupen nach dem Schlüpfen genügend Nahrung finden.

Diese besondere Art des Schmeckens ist ein faszinierendes Beispiel dafür, wie sich Tiere an ihre Umwelt anpassen und spezialisieren. Während wir Menschen unsere Geschmacksknospen auf der Zunge haben, zeigt uns die Natur, dass es viele Wege gibt, die Welt zu erleben und zu verstehen. Die Füße der Schmetterlinge sind nicht nur Werkzeuge zum Landen und Gehen, sondern auch zum Überleben in einer komplexen und sich ständig verändernden Umgebung.

ZUCKER IM PANZER

Der Panzer von Insekten und Spinnentieren, ihr Außenskelett, besteht aus einem bemerkenswert festen Stoff namens Chitin. Überraschenderweise gehört Chitin chemisch zu den Zuckern. Diese ungewöhnliche Eigenschaft bedeutet, dass die harten Schalen und Exoskelette dieser kleinen Kreaturen trotz ihrer robusten Struktur im Kern eine verblüffende Verwandtschaft zu etwas so Alltäglichem wie Zucker aufweisen.

Chitin ist ein Biopolymer, das aus wiederholten Einheiten von N-Acetylglucosamin besteht, einer chemischen Verbindung, die auch in anderen Zuckerarten vorkommt. Wenig bekannt ist, dass Chitin nicht nur im Tierreich, sondern auch in den Zellwänden von Pilzen vorkommt, was eine erstaunliche biologische Verbindung zwischen Arthropoden und dem Pilzreich herstellt.

Wegen seiner biologischen Verträglichkeit und Festigkeit wird das Derivat von Chitin, das »Chitosan«, häufig in der Biomedizin für Wundauflagen oder als biologisch abbaubares Filtermaterial eingesetzt.

Diese Struktur verleiht den Panzern und Skeletten der Insekten und Spinnentiere ihre charakteristische Festigkeit und Stabilität. Es ist faszinierend zu bedenken, dass ein so grundlegendes Bauelement der Natur, wie wir es in Zucker finden, auch für die Struktur und den Schutz dieser kleinen, aber vitalen Lebewesen entscheidend ist.

Diese Verbindung zwischen der Zuckerchemie und der Natur zeigt erneut die erstaunliche Vielfalt und Anpassungsfähigkeit des Lebens. Während wir uns vielleicht in unserem Alltag mit Zuckern als süßer Verführung beschäftigen, sind sie für Insekten und Spinnentiere essentiell, um ihren Körperbau und ihre Überlebensfähigkeit zu gewährleisten.

DER TANZ DER MUSKELN

Beim Stirnrunzeln werden über 40 Muskeln aktiviert, eine erstaunliche Zahl, die verdeutlicht, wie komplex und präzise unsere Gesichtsausdrücke sind. Diese Muskeln arbeiten zusammen, um feine Bewegungen zu koordinieren, die oft unbewusst ausgelöst werden. Sie sind entscheidend für die Übermittlung von Emotionen und die Kommunikation nonverbaler Signale, die einen großen Teil unserer zwischenmenschlichen Interaktion ausmachen.

Im Gegensatz dazu sind beim Lächeln etwa siebzehn Gesichtsmuskeln beteiligt, die unser Gesicht erhellen und ihm Ausdruck verleihen. Ein Lächeln kann eine positive Atmosphäre schaffen und vermittelt häufig Freude und Zufriedenheit. Diese feinen Bewegungen der Gesichtsmuskulatur sind ein bemerkenswertes Beispiel für die Präzision und Vielfalt der menschlichen Anatomie.

Obwohl das Herz der unermüdlichste Muskel ist, gilt der Kaumuskel (»Musculus masseter«) als der stärkste Muskel des Körpers in Relation zu seiner Größe, da er enorme Kräfte auf den Kiefer ausüben kann.

Unser Körper insgesamt wird von etwa sechshundertfünfzig Muskeln in Bewegung gehalten, was etwa einem Drittel unserer Gesamtkörpermasse entspricht. Diese Muskeln sind nicht nur für unsere Mobilität entscheidend, sondern auch für Funktionen wie das Pumpen von Blut durch das Herz oder die Verdauung von Nahrung. Ihre vielfältigen Funktionen und die komplexe Art und Weise, wie sie arbeiten, machen Muskeln zu einem faszinierenden Teil unserer biologischen Struktur.

Diese Zahlen verdeutlichen, wie leistungsstark und effizient unser Körper ist, wenn es darum geht, die täglichen Anforderungen zu bewältigen – sei es das Lächeln, das Stirnrunzeln oder einfach nur das Gehen und Atmen.

GEFÄHRLICHE BEGEGNUNGEN

In Mitteleuropa gibt es eine Reihe von Tieren, die oft unterschätzt werden, aber dennoch potenziell gefährlich sein können. Zu diesen Tieren gehört unter anderem die Europäische Hornisse, deren Stich schmerzhaft sein kann und bei Menschen mit Allergien sogar zu schwerwiegenden Reaktionen führen kann. Auch die Kreuzotter, die einzige giftige Schlangenart der Region, ist ein potenzielles Risiko, besonders wenn ein Biss nicht sofort medizinisch versorgt wird.

Wissenschaftliche Analysen zeigen, dass das Gift der Europäischen Hornisse tatsächlich weniger toxisch ist als das der Gemeinen Wespe, weshalb ihre Stiche, abgesehen von der Menge des Giftes, oft als weniger gefährlich eingestuft werden.

Die Gemeine Wespe ist ein weiteres Tier, das in Mitteleuropa verbreitet ist und bei Stichen starke Schmerzen verursachen kann. Für manche Menschen kann dies zu allergischen Reaktionen führen, die ernsthafte Gesundheitsprobleme verursachen können. Zecken sind ebenfalls ein Risiko, da sie Krankheiten wie »Lyme-Borreliose« und Frühsommer-Meningoenzephalitis (FSME) übertragen können. Ein Zeckenbiss erfordert oft eine sofortige medizinische Überwachung und gegebenenfalls Behandlung.

Nicht zuletzt ist der Feuersalamander, obwohl scheu und normalerweise nicht aggressiv, eine weitere potenzielle Gefahr. Bei Bedrohung können sie ein hautreizendes Gift absondern, das für Tiere und Menschen unangenehm und gefährlich sein kann.

Diese Tiere zeigen, dass auch in vermeintlich sicheren Regionen wie Mitteleuropa Vorsicht geboten ist, um unangenehme Begegnungen zu vermeiden und ein sicheres Verhalten in der Natur zu fördern.

INTELLIGENTE BIOLOGIE

Die Verschmelzung von Künstlicher Intelligenz (KI) und Biologie eröffnet neue Horizonte und revolutioniert unser Verständnis und unsere Fähigkeit, biologische Systeme zu beeinflussen. KI-Algorithmen analysieren riesige Datenmengen schneller und präziser als je zuvor, was bahnbrechende Entdeckungen ermöglicht. Beispielsweise hat die KI AlphaFold von DeepMind ein jahrzehntealtes Problem gelöst: die Vorhersage der dreidimensionalen Struktur von Proteinen. Diese Fähigkeit ist entscheidend für das Verständnis von Krankheiten und die Entwicklung neuer Medikamente.

Ein besonders zukunftsträchtiger Bereich ist die »Synthetische Biologie«, in der KI neue Enzyme von Grund auf entwirft, um biologische Funktionen mit einer beispiellosen Effizienz zu erfüllen. In der Genetik hilft KI dabei, genetische Muster und Anomalien zu erkennen, die mit Krankheiten wie Krebs verbunden sind. Durch maschinelles Lernen können Forscher Mutationen identifizieren, die zu bestimmten Krebsarten führen, und personalisierte Behandlungspläne entwickeln. KI unterstützt auch bei der Entwicklung neuer Medikamente, indem sie mögliche Wirkstoffe virtuell testet und so den langwierigen und teuren Prozess der Arzneimittelentwicklung beschleunigt.

Auch in der Landwirtschaft spielt die Kombination von KI und Biologie eine wichtige Rolle. KI-gesteuerte Drohnen und Sensoren überwachen Pflanzen in Echtzeit, analysieren Bodenbedingungen und Wetterdaten und helfen so, den Ertrag zu maximieren und den Einsatz von Pestiziden und Düngemitteln zu minimieren. Dies führt zu nachhaltigeren Anbaumethoden und trägt zur Ernährungssicherheit bei.

Zusammen bieten KI und Biologie innovative Lösungen für einige der drängendsten Probleme unserer Zeit.

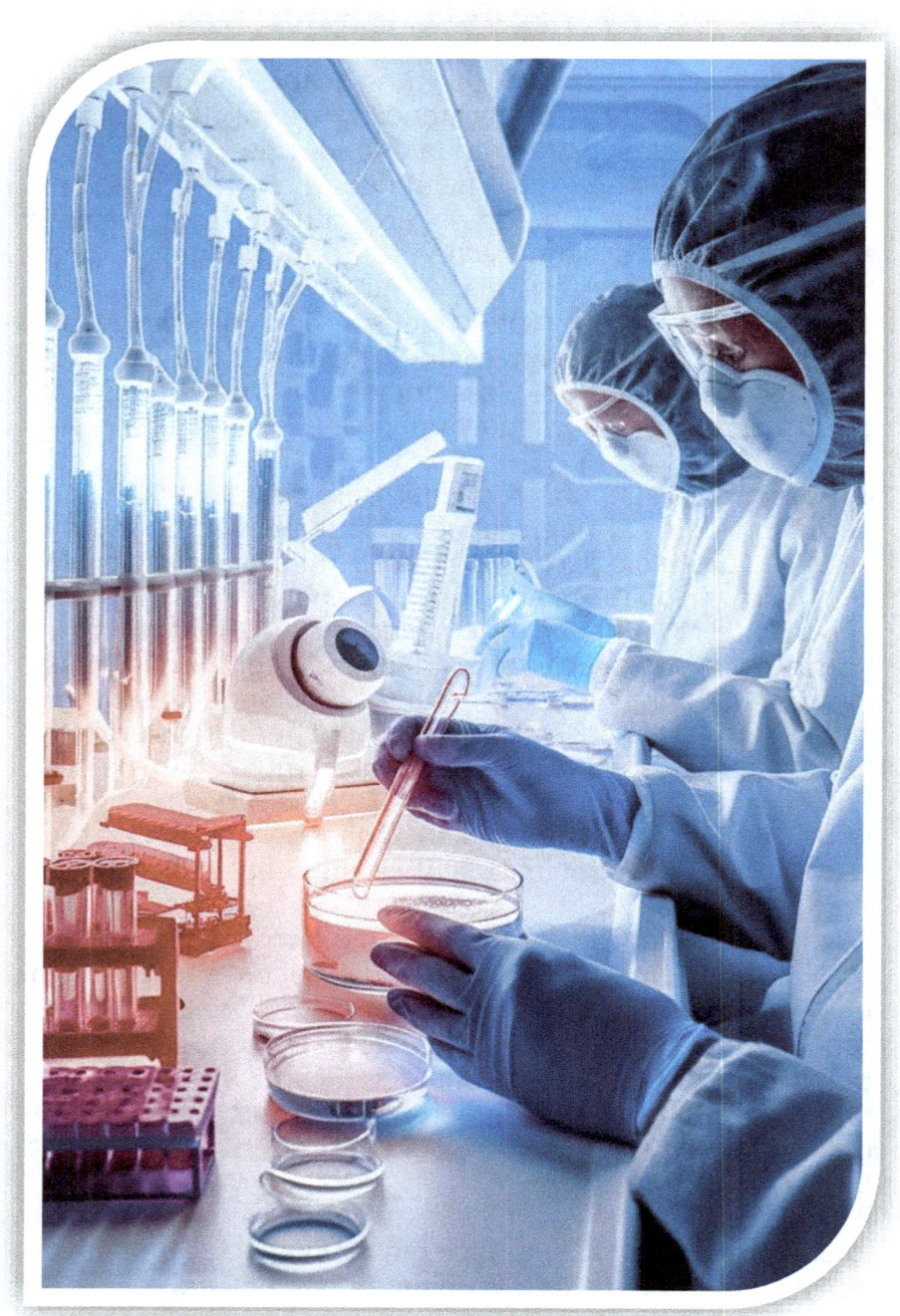

ZUKÜNFTIGE GESUNDHEIT

Die Biotechnologie eröffnet eine faszinierende Welt voller zukünftiger Möglichkeiten, die das Potenzial haben, unser Leben radikal zu verändern. Stellen Sie sich vor, Organe könnten gezüchtet und transplantiert werden, ohne lange Wartezeiten oder Abstoßungsrisiken. Diese Vision wird durch die Fortschritte in der Stammzellenforschung und dem 3D-Druck von Gewebe zunehmend realisierbar. Ebenso könnte die Gen-Editierungstechnologie CRISPR es ermöglichen, Erbkrankheiten schon vor der Geburt zu heilen und die menschliche Gesundheit auf ein völlig neues Niveau zu heben.

Ein bemerkenswertes Beispiel für diesen Fortschritt ist die Gen-Sequenzierung, deren Kosten dank der biotechnologischen Entwicklungen von Milliarden von Dollar auf unter tausend Dollar gesunken sind.

Darüber hinaus könnten biotechnologische Innovationen die Landwirtschaft revolutionieren. Pflanzen könnten so modifiziert werden, dass sie widerstandsfähiger gegen Krankheiten, Schädlinge und klimatische Herausforderungen sind, was zu höheren Erträgen und weniger Umweltbelastung führt. Auch die Entwicklung von »Fleischalternativen« aus Zellkulturen könnte eine nachhaltige und ethische Lösung für den weltweiten Fleischkonsum bieten, die den Bedarf an Massentierhaltung überflüssig macht.

In der Umwelttechnologie könnten biotechnologische Ansätze dazu beitragen, Schadstoffe abzubauen und Ökosysteme wiederherzustellen. Mikroorganismen, die speziell dafür entwickelt wurden, könnten Ölverschmutzungen oder Plastikmüll in den Ozeanen abbauen und so zur Reinigung unserer Umwelt beitragen. Insgesamt eröffnet die Biotechnologie eine Zukunft voller innovativer Lösungen, die unsere Gesundheit, Ernährung und Umwelt nachhaltig verbessern können.

SCHMUNZELN IM BIO-UNTERRICHT

Fragt die Biologie-Lehrerin die Klasse: »Wer von euch weiß, warum die Zugvögel im Herbst und Winter in den Süden fliegen?«
Da antwortet Lisa: »Na das ist doch klar! Weil es zu Fuß viel zu weit wäre!«
Die Lehrerin seufzt tief, reibt sich die Schläfen und blickt Lisa fassungslos an. Lisa, stolz auf ihre logische Schlussfolgerung, ergänzt sofort: »Außerdem ist es viel bequemer! Stellen Sie sich vor, sie müssten den ganzen Weg ihre Koffer tragen!«

Der Biologie-Lehrer nimmt einen Regenwurm und wirft ihn in ein Glas mit Alkohol. Der Wurm bewegt sich kurz und schwimmt dann leblos an der Oberfläche.
Fragt der Lehrer: »Na, Kinder. Was lernen wir aus diesem Experiment?«
Fritzchen: »Wer Alkohol trinkt bekommt keine Würmer!«

Der kleine Paul zu seinem Vater: »Du Papa, ich war heute der Einzige, der sich im Biologieunterricht melden konnte!«
»Sehr gut, mein Sohn. Und was war die Frage?«
»Der Lehrer wollte wissen, wer zum Mikroskopieren Wanzen, Läuse oder Flöhe von zu Hause mitbringen kann.«

Der Biologie-Lehrer fragt: »Lukas, welche Tiere können nicht hören?«
»Die Tauben!«

LESEN. BEWERTEN. VERBESSERN!

Vielen Dank von Herzen, dass Sie sich die Zeit genommen haben, dieses Buch bis zur letzten Seite zu begleiten. Ihre Entscheidung, meine Arbeit zu lesen, ist das schönste Kompliment, das ich als Autor erhalten kann. Ihre Unterstützung ist der wahre Antrieb hinter meiner Arbeit!

Ich hoffe aufrichtig, dass diese Reise durch die Seiten Ihnen genau das gebracht hat, was Sie gesucht haben – sei es tiefe Freude, spannendes neues Wissen oder wertvolle Inspiration für Ihren Alltag.

»Warum Ihre Bewertung den Unterschied macht«

Wenn Ihnen dieser Inhalt gefallen und Sie gut unterhalten oder informiert hat, möchte ich Sie heute um einen kleinen Gefallen bitten, der für mich persönlich von unschätzbarem Wert ist: Nehmen Sie sich bitte zwei Minuten Zeit für eine ehrliche Bewertung auf Amazon.

Für unabhängige Autorinnen und Autoren wie mich ist eine Rezension weit mehr als nur eine Zahl. Sie ist Gold wert, denn sie fungiert als wichtigster Wegweiser für neue Leser.

Ihre positive Rückmeldung signalisiert der Welt, dass dieses Buch lesenswert ist und hilft dem Amazon-Algorithmus, meine Werke Menschen vorzuschlagen, die genau wie Sie auf der Suche nach fesselndem Lesestoff sind. Sie tragen direkt dazu bei, dass meine Geschichten und Themen gehört werden.

Mit Ihrer Bewertung helfen Sie nicht nur mir, sondern ermöglichen auch anderen, dieses Buch zu entdecken und zu genießen. Sie ist die Brücke zwischen meinem Buch und seinem nächsten Leser.

Und so geht's:

1. Loggen Sie sich in Ihr Amazon Account ein
2. Navigieren Sie zu »Ihre Bestellungen«
3. Suchen Sie die Bestellung zu diesem Buch
4. Klicken Sie auf »Schreiben Sie eine Produktrezension«

Oder schnell und einfach zur Rezension

Es dauert nur einen Moment: Scannen Sie bitte den QR-Code, um direkt bei Amazon eine kurze Rezension für dieses Buch zu hinterlassen.

Vielen Dank!

Lindsay Moon

BUCHSERIE »UNNÜTZES WISSEN«

Hand aufs Herz: Wie oft haben Sie beim Lesen dieses Buches innegehalten und gedacht: »Das gibt es doch gar nicht!«? Genau dieses Gefühl des Staunens ist es, was uns antreibt. Sie haben gerade einen tiefen Einblick in die Kuriositäten und Wunder unserer Welt erhalten – doch wir versprechen Ihnen: Das war erst die Spitze des Eisbergs.

Meine gesamte Buchreihe »Unnützes Wissen« ist eine einzige Hommage an die Neugier. Ich jage unermüdlich nach den spannendsten Fakten, den unglaublichsten Rekorden und den schrägsten Geschichten aus allen erdenkbaren Wissensbereichen. In jedem weiteren Buch dieser Serie wartet eine völlig neue Mischung an Aha-Momenten auf Sie, die Ihren Geist wachhalten und Sie immer wieder aufs Neue überraschen werden.

Bleiben Sie ein Entdecker! Mit jedem Buch dieser Reihe sammeln Sie nicht nur faszinierendes Wissen, sondern auch den perfekten Stoff für gute Gespräche und Momente des gemeinsamen Lachens. Das Universum der verblüffenden Fakten ist grenzenlos – und ich habe es mir zur Aufgabe gemacht, Ihnen die besten Stücke daraus zu präsentieren. Welches Wissensgebiet darf Sie als Nächstes verzaubern? Ihre Entdeckungsreise ist noch lange nicht zu Ende – hier finden Sie weiteren Nachschub für Ihre Neugier:

Neugierig geworden?

Scannen Sie bitte den QR-Code, um die anderen spannenden Titel der Buchreihe »Unnützes Wissen« auf Amazon zu entdecken.

BUCHREIHE »BEWUSST LEBEN«

Es ist ein wunderbares Privileg, neugierig zu sein. Sie haben gerade eine Reise durch verblüffende Fakten und kuriose Erkenntnisse hinter sich gebracht und dabei gespürt, wie viel Freude es macht, den eigenen Horizont zu erweitern. Doch es gibt ein Wissensgebiet, das mindestens genauso spannend ist wie die Wunder der Welt: Ihr eigenes Leben und persönliches Wohlbefinden.

Wenn Sie die Neugier, die Sie als Leser meiner Wissensbücher auszeichnet, auf Ihren eigenen Alltag übertragen möchten, ist meine Buchreihe »Bewusst Leben« die ideale nächste Station für Sie. Während meine Faktenbücher den Geist unterhalten, bieten Ihnen diese Ratgeber die Werkzeuge, um Ihr Leben aktiv, gesund und erfüllt zu gestalten.

Ich glaube, dass Wissen erst dann seine volle Kraft entfaltet, wenn es uns hilft, glücklicher und bewusster zu leben. Ob mentale Klarheit, körperliche Balance oder eine neue Sichtweise auf alltägliche Herausforderungen – diese Serie liefert Ihnen die notwendigen Anleitungen für eine höhere Lebensqualität. Tauschen Sie für einen Moment das Staunen über die Ferne gegen konkrete Impulse für Ihr Hier und Jetzt. Sie haben es in der Hand, Ihr Leben genauso faszinierend zu gestalten wie die Fakten in meinen Büchern. Erfahren Sie, wie Sie Ihr Leben mit bewussten Entscheidungen bereichern können:

Neugierig geworden?

Scannen Sie bitte den QR-Code, um die anderen spannenden Titel der Buchreihe »Bewusst Leben« auf Amazon zu entdecken.

LINDSAY MOON: DIE FAKTENJÄGERIN

Die Autorin ist eine unverbesserliche Neugierige. Sie liebt es, die Welt zu verstehen – von der Funktionsweise des menschlichen Gehirns über die großen Ereignisse der Vergangenheit bis hin zu den kleinen, erstaunlichen Gesetzen der Natur. Ihre Bücher sind für alle, die das Gefühl lieben, plötzlich etwas Neues und Faszinierendes gelernt zu haben. Genau diese Begeisterung für das Detail ist ihr Antrieb.

Ihre Stärke liegt darin, dass sie riesige Mengen an Informationen sichtet und das Wirklich-Wichtige herausfiltert. Denn seien wir ehrlich: Das Wissen dieser Welt passt längst nicht mehr in ein einzelnes Regal. Um all die Fakten aus Mathematik, Chemie oder Astronomie zu durchforsten, hat Lindsay einen klugen Helfer. Die Künstliche Intelligenz spielt bei ihrer Recherche eine wichtige Rolle: Sie ist ihr präziser, blitzschneller Recherche-Assistent, der die gigantischen Datenmengen vorordnet. Diese Technologie erlaubt es ihr, die Arbeit von Tausenden von Stunden auf ein menschliches Maß zu reduzieren.

Aber die Entscheidung, was wichtig ist, die Interpretation und das Verfassen der Texte – das bleibt reine Handarbeit von Lindsay Moon. Sie sieht ihre Arbeit als das Entwirren eines riesigen Wissensknäuels, um die schönsten Fäden für uns alle sichtbar zu machen. Ihre Texte sind eine Einladung, die Welt mit offenen Augen zu sehen und sich bei jedem umgeblätterten Kapitel zu wundern, was die Geschichte und die Wissenschaft noch für uns bereithalten.

Für Lindsay gibt es keine uninteressanten Fakten, nur solche, deren Geschichte noch nicht gut erzählt wurde. Sie lädt Sie ein, gemeinsam mit ihr die schrägsten und klügsten Ecken des Wissens zu erkunden. Denn am Ende macht uns das Detailwissen einfach gesprächiger, bunter und ein Stück weit klüger.

IMPRESSUM

Lindsay Moon wird vertreten durch:

Copyright © 2026 Rüdiger Hössel

Erhardstraße 42, 97688 Bad Kissingen, Germany

KDP-ISBN Paperpack: 979-8332567902

Imprint: Independently published

Herstellung: Amazon Distribution GmbH

Auflage 2026

***

Die Illustrationen in diesem Buch wurden ganz oder teilweise mit Hilfe von künstlicher Intelligenz erzeugt. Der Einsatz dieser Technologien unterstützt die visuelle Gestaltung und hilft dabei, komplexe Inhalte anschaulicher darzustellen. Ich weise hier offen darauf hin, damit nachvollziehbar bleibt, wie die Bilder entstanden sind. Alle urheberrechtlich relevanten Punkte sowie die Nutzungsrechte wurden vor der Veröffentlichung geprüft und beachtet. Die dargestellten Szenen und Motive sind möglichst realistisch gestaltet, lassen jedoch bewusst Raum für künstlerische Interpretation und müssen daher nicht in jedem Detail der tatsächlichen Realität entsprechen.

***

Alle Rechte vorbehalten. Kein Teil des Werkes darf in irgendeiner Form (durch Fotokopie, Mikrofilm oder ein anderes Verfahren) ohne schriftliche Genehmigung des Autors reproduziert oder unter Verwendung elektronischer Systeme verarbeitet, vervielfältigt oder verbreitet werden.

www.ingramcontent.com/pod-product-compliance
Lightning Source LLC
Chambersburg PA
CBHW071926210526
45479CB00002B/578